生態心理學

Ecological Psychology

易芳／著

孟樊／策劃

出版緣起

社會如同個人，個人的知識涵養如何，正可以表現出他有多少的「文化水平」(大陸的用語)；同理，一個社會到底擁有多少「文化水平」，亦可以從它的組成分子的知識能力上窺知。眾所皆知，經濟蓬勃發展，物質生活改善，並不必然意味著這樣的社會在「文化水平」上也跟著成比例地水漲船高，以台灣社會目前在這方面的表現來看，就是這種說法的最佳實例，正因爲如此，才令有識之士憂心。

這便是我們——特別是站在一個出版者的立場——所要擔憂的問題：「經濟的富裕是否也使台灣人民的知識能力隨之提升了？」答案恐怕是不太樂觀的。正因爲如此，像《文化手邊冊》這樣的叢書才值得出版，也應該受到重視。蓋一個社會的「文化水平」既然可以從其成員的知識能力（廣而言之，還包括文藝涵養）上測知，而決定社會成員的知識能力及文藝涵養兩項至爲重要的因素，厥爲成員亦即民眾的閱讀習慣以及出版（書報雜誌）的質與量，這兩項因素雖互爲影響，但顯然後者實居主動的角色，換言之，一個社會的出版事業發達與否，以及它在出版質量上的成績如何，間接影響到它的「文化水平」的表現。

那麼我們要繼續追問的是：我們的出版業究竟繳出了什麼樣的成績單？以圖書出版來講，我們到底出版了哪些書？這個問題的答案恐怕如前一樣也不怎麼樂觀。近年來的圖書出版業，受到市場的影響，逐利風氣甚盛，出版量雖然年年爬升，但出版的品質卻令人操心；有鑑於此，一些出版同業爲了改善出版圖書的品質，進而提升國人的知識能力，近幾年內前後也陸陸續續推出不少性屬「硬調」的理論叢書。

這些理論叢書的出現，配合國內日益改革與開放的步調，的確令人一新耳目，亦有助於讀書風氣的改善。然而，細察這些「硬調」書籍的出版與流傳，其中存在著不少問題。首先，這些書絕大多數都屬「舶來品」，不是從歐美「進口」，便是自日本飄洋過海而來，換言之，這些書多半是西書的譯著。其次，這些書亦多屬「大部頭」著作，雖是經典名著，長篇累牘，則難以卒睹。由於不是國人的著作的關係，便會產生下列三種狀況：其一，譯筆式的行文，讀來頗有不暢之感，增加瞭解上的難度；其二，書中闡述的內容，來自於不同的歷史與文化背景，如果國人對西方（日本）的背景知識不夠的話，也會使閱讀的困難度增加不少；其三，書的選題不盡然切合本地讀者的需要，自然也難以引起適度的關注。至於長篇累牘的「大部頭」著作，則嚇走了原本有心一讀的讀者，更不適合作爲提升國人知識能力的敲門磚。

基於此故，始有《文化手邊冊》叢書出版之議，希望藉此叢書的出版，能提升國人的知識能力，並改善淺薄的讀書風氣，而其初衷即針對上述諸項缺失而發，一來這些書文字精簡扼要，每本約在七至八萬字之間，不對一般讀者形成龐大的閱讀壓力，期能以言簡意賅的寫作方式，提綱挈領地將一門知識、一種概念或某一現象（運動）介紹給國人，打開知識進階的大門；二來叢書的選題乃依據國人的需要而設計，切合本地讀者的胃口，也兼顧到中西不同背景的差異；三來這些書原則上均由本國學者專家親自執筆，可避免譯筆的詰屈聱牙，文字通曉流暢，可讀性高。更因爲它以手冊型的小開本方式推出，便於攜帶，可當案頭書讀，可當床頭書看，亦可隨手攜帶瀏覽。從另一方面看，《文化手邊冊》可以視爲某類型的專業辭典或百科全書式的分冊導讀。

我們不諱言這套集結國人心血結晶的叢書本身所具備的使命感，企盼不管是有心還是無心的讀者，都能來「一親她的芳澤」，進而藉此提升台灣社會的「文化水平」，在經濟長足發展之餘，在生活條件改善之餘，國民所得逐日上升之餘，能因國人「文化水平」的提升，而洗雪洋人對我們「富裕的貧窮」及「貪婪之島」之譏。無論如何，《文化手邊冊》是屬於你和我的。

孟　樊

一九九三年二月於台北

郭　序

生態心理學是二十世紀中期在西方心理學中出現的一種心理學改造運動，它是一種伴隨主流心理學的發展而發展的取向，但是它一直處於心理學研究的邊緣地帶，倍受冷落。隨著一批倡導生態心理學的心理學家們的努力，特別是當主流心理學陷入困境之後，生態心理學由於其自身的優勢逐漸受到人們的關注，近二十年來，這一運動對西方心理學的理論觀點、研究思路和技術手段都產生了深刻的影響。在中國心理學界，生態化思想尚未在實際研究工作中得到貫徹和廣泛應用，而關於西方生態化思想的理論研究也剛剛起步。爲此，易芳在跟隨我做博士生期間，完成了題爲《生態心理學的理論審視》的博士學位論文，並順利通過答辯。今年六月，我的老朋友、揚智文化公司總策劃孟樊博士來寧會晤，我向他推薦了易芳的博士論文，他欣然接受，並建議以《生態心理學》書名，列入揚智文化公司的「文化手邊冊」叢書。這本《生態心理學》是易芳在其博士學位論文基礎上精心修改而成的。在修改過程中，她吸收了以大陸著名心理學家車文博教授爲主席的答辯委員會所提出的寶貴意見和建議。

爲了完成本序文，我再次細緻閱讀了《生態心理學》樣稿。讀完之後，我個人覺得這本書內容具有以下幾個特點。

首先，明確界定了「生態心理學」的概念。我們知道，心理學還不是一門典範科學，其概念體系遠未達到統一。生態心理學也同樣如此，其名稱本身就不統一。在國外的文獻當中，與生態心理學有關的名稱就有"ecological psychology"（生態心理學）、"ecopsychology"（生態學心理學）、"psychological ecology"（心理生態學）等，因而存在著混亂現象。在已有爲數不多的幾篇中文評述文章中，對上述概念內涵並沒有作出明確的辨析。在本書中，作者對「生態心理學」進行了由粗及細的逐層剖析，分別從廣義和狹義兩個方面給出生態心理學的定義；從歷史發展進程中勾畫出生態心理學的全貌，首次對生態心理學作激進派和溫和派的劃分。這樣作者就在忠實於各個生態心理學家的原有含義基礎上，提出一個明確的生態心理學定義。這爲今後人們使用「生態心理學」一詞及相關概念提供了統一的標準。

其次，嘗試建構了生態心理學的理論框架。由於生態心理學概念的混亂，研究內容的分散，導致西方生態心理學缺乏統一的理論框架。作者在整合和提煉各個生態心理學家的思想之後，力圖提出一個生態心理學理論建構的基本框架。作者採用了結構建構和內容建構相結合的方法，前者包括生態心理學的研究物件、研究原則、研究方法、研究態度、研究模式等，後者包括生態心理學在認知發展心理學、社會心理學和學校教育等領域中的應用。這一工作不僅對心理學理論典範的建構有重要學術價值，而且對整個心理學各分支的發展和應用均有指向作用。

再次，合理評判了生態心理學的優劣和前景。對生態心理學的總體評價和展望是一個比較困難的問題。作者在充分研究的基礎上，對生態心理學的貢獻和局限作出自己的評價，對其前景作出個人的判斷。作者認爲，生態心理學爲解決心理學現階段的重大理論問題提供了一種正確的方向，爲心理學研究提供了一條新的發展途徑，但卻忽視了對有機體本身以及個體差異和主觀行爲的研究。總之，生態心理學代表心理學研究中的一種新的、有生命力的研究取向，可以補充和修正主流心理學研究的不足乃至錯誤。應該說，作者對生態心理學作的這一評判是合理的。

當然，對於生態心理學的研究不是本書所能完全涵蓋的，生態心理學的內容非常豐富，它的思想值得更進一步的探索。希望作者在此研究基礎上，在今後的事業中繼續進行深入的研究，並取得更大的成績。

作此序文，以表達我對易芳《生態心理學》出版的祝賀！

郭本禹

二〇〇四年十月於南京高教新村

目　錄

出版緣起　i
郭 序　v

前　言　1

第一章　生態心理學之意涵　7
一、現有觀點　7
二、本書界定　13

第二章　生態心理學之歷程　27
一、萌芽（二十世紀初至一九五〇）　30
二、確立（一九五〇至一九七〇）　39
三、發展（一九七〇至一九八〇）　51

四、繁榮（一九八〇至今） 61

第三章 生態心理學之背景 73

一、實用主義之氛圍 73

二、進化論革命之影響 77

三、人類學研究之啓示 79

四、生態學運動之演進 79

五、哲學反二元論之路線 84

六、心理學之淵源 92

第四章 生態心理學之主張 99

一、心理學研究之對象：動物與環境之交互性 100

二、心理學研究之方法：注重生態效度 113

三、心理學研究之模式：自然、開放、多樣 135

第五章 生態心理學研究之成果 145

一、認知心理學的生態學研究 145

二、社會心理學的生態學研究 165

三、學校教育的生態學研究 178

第六章　生態心理學之評價和展望　207
一、孰優孰劣：生態心理學之評價　207
二、何去何從：生態心理學之未來　234

參考書目　247

後　記　261

前　言

自二十世紀以來，心理學界就逐漸呈現一派熱鬧非凡的景象。各種新的取向不斷湧現，衝擊著傳統心理學；新取向之間因其各自的背景和視角的不同，也在相互碰撞和交流。其中，生態心理學[1]在二十世紀中期異軍突起，成為某一兩個領域中與傳統心理學對立的新取向，發展到現在已經出現在心理學界的各個研究領域，成為它們新的生長點。

一九八八年出版的《心理學》，在「心理學和未來」一節中提到生態學取向是心理學的一種重要趨勢[2]。二○○一年出版的《當代心理學體系》把生態心理學作為當前十二種體系之一，把它視為環境中心的體系，以區別於有機體中心的體系（包括認知心理學、人本主義心理學和精神分析心理學）和社會中心的體系（指後現代主義和社會建構論的心理學）以及非中心或交互作用背景的體系（包括辯證心理學、交互行爲主義心理學和現象心理學等）[3]。當代認知科學，也把它作爲新方向之一，作爲當前的六大主題之一[4]，作爲與訊息加工取向、聯結主義取向並列的三大取向之一[5]。社區心理學的代表人物萊文（M. Levine）認爲，由於生態心理學用「非線性原因」理解行爲的作法，標誌著與建立在線性原因假設檢驗之上的傳統心理學和哲學的截然分離，因此從這個意義上說，生態心理學是庫恩（T. Kuhn）意義上的典範革命[6]。在一本關於適應和幸福感的心理學專著中，也提到生態心理學是一種重要的方法[7]。我國申荷永教授主編的《社會心理學》也將生態心理學作爲內容之一[8]。在人類發展心理學領域，著名的生態心理學家布朗芬布倫納（E. Bronfenbrenner）認爲，「人類發展的生態學」或「背景中的發展」（也就是人類發展的生態學取向——引者註）是一種新的或者說新近重新發現的研究典範，而且這種取向是針對發展研究的傳統模式開火的[9]。從以上引證的一小部分資料看來，不管是關於心理學的整體發展的文獻，還是心理學的分支領域的文獻，都把生態心理學作爲心理學的一種重要的研究趨勢，而且這種取向是與傳統取向對立的。

生態心理學既是當前心理學的一種改造運動，又是日益受到關注的一種心理學方法論。它主張在真實環境中研究人的心理和行爲，即研究人的現實行爲和自然發生的心理過程，它在方法上採用的技術要求儘量保持心理和行爲發生的自然性，如採用準實驗設計、自然主義方法等。這種取向在心理學研究中的出現，與心理學自身發展中出現的問題有關。心理學的歷史發展與其他傳統科學和哲學的不同，它借助於近現代科學成果和方法，直接從哲學中分離出來而成爲實驗科學，從哲學思辨的「扶手椅」跳到了自然科學的實驗室，省去了在真實環境中緩慢推進的研究階段。這種跳躍式發展的結果是，心理學概念與有機體的「內部」特性有關，卻與外部世界相對立，這種與外部對立的、在實驗室中進行的心理學研究就有了許多人爲性因素，心理學研究與現實的脫節使人們對心理學存在的必要性產生了懷疑。心理學因此產生了存在的危機，爲走出危機，需要引入與現實結合緊密的觀點，生態心理學在心理學研究中的出現正迎合了這種學科發展的需要。

生態心理學作爲心理學研究中的一種新取向，雖然人們因爲它在心理學的特殊價值，而對它的研究興趣在不斷增長，但是對於它的認識和研究還沒有形成比較統一的看法，對於它的研究還不是很全面和深入，這就與心理學的發展對於它的需要日益增長的趨勢不相符合。基於它在解決當前心理學危機中的獨特作用，有必要對之作較全面的理論梳理和分析，以便在中國心理學的研究中將它廣泛推廣開來（台海兩岸皆然）。

註　釋

[1]本書在使用「生態心理學」這個名稱時，把它看成是一種心理學研究的取向，而不把它作為一門學科的名稱，其原因本書的第一章會作出解釋。

[2]C. B. Wortman & E. F. Loftus, *Psychology*, Alfred A. Knopf, Inc., 1988, p.530.

[3]N. W. Smith, *Current Systems in Psychology: History, Theory, Research, and Applications*, Wadsworth: Thomson Learning, Inc., 2001.

[4]T. M. Shlechter, "Ecological directions in the study of cognition", In T. M. Shlechter, *New Directions in Cognitive Science*, New Jersey: Ablex Publishing Corporation, 1985, pp.1-16.

[5]賈林祥，《認知心理學的聯結主義理論研究》，南京師範大學博士學位論文，2002 年。

[6]M. Levine, *Principles of Community Psychology: Perspectives and Applications*, London: Oxford University Press, Inc., 1985, pp.77-82.

[7]Stanleyl & Brodsky, *The Psychology of Adjustment and Well-being*, Holt: Rinehart and Winston, Inc., 1988, p.463.

[8]參見 http://shenhy.3322.net/zyzz/zyzz-2/sx-yl.html.

[9]A. R. Pence, *Ecological Research with Children and Families: From Concepts to Methodology*, New York: Teachers College Press, 1988, p.ix.

第一章
生態心理學之意涵

史學角度研究任何一個主題，我們一般都要確定關於這個主題的五個「W」：始於何時（When），誰在研究（Who），研究什麼（What），怎樣研究（How），爲什麼要這樣研究（Why）。對這五個問題的回答將會貫穿本書的始終。但在這幾個問題的回答中，有一個共同的關鍵因素，那就是界定生態心理學的標準如何確定的問題，也就是研究者本人如何看待生態心理學的問題，其中還涉及到界定的參照點的問題。

一、現有觀點

在目前，生態心理學還沒有形成統一的典範，生態心理學家的觀點呈現多元化。而研究生態心理學的專家對它的看法和歸類也不一樣。我們討論幾個有代表性的觀點作爲例證。

奈瑟的觀點

奈瑟（U. Neisser）是生態心理學的大力倡導者之一。他爲認知領域中生態心理學的推廣和運用起了很大的作用。

奈瑟認爲認知領域中的生態心理學的意涵可以用一句話概括：對日常情境中認知的關注。用他自己的話說:「我們都想知道人類在與他們的各種環境進行正常交往時，實際上在作什麼（或看什麼或認識什麼）。」[1]奈瑟認爲目前出現的各種生態心理學理論的共同之處是：對心理現象提出了新的因果解釋；對心理發展作出了豐富的闡釋；對實際情境的心理現象作出了富有深刻見解的重新描述；在似乎截然不同領域作出了意想不到的整合。

奈瑟曾分別於一九八五年和一九九七年，從他自己特別重視的認知和發展兩大領域的角度，對兩個年份之前的生態心理學理論進行了總結，布倫瑞克（E. Brunswik）的生態效度學說（1956）、吉布森（J. Gibson）直接知覺理論（1979）、埃莉諾．吉布森（E. Gibson）

的知覺發展理論（1969）、布魯納（J. Bruner）的語言習得的社會認知理論（1983）和奈瑟本人的自我認知理論，均是與認知或認知發展有關的理論；而廷伯根（N. Tinbergen）和洛倫茨（K. Lorenz）的動物行爲理論（1950）、巴克（R. Barker）的行爲背景理論（1965）、布朗芬布倫納（U. Bronfenbrenner）的兒童發展背景理論（1979），則均與社會行爲或動物和人類發展有關的理論。另外，一九九七年他還把特倫（E. Thelen）的活動和運動控制的動力系統理論與維果茨基（Vygotsky）等人的理論，也納入了生態心理學範疇，這反映了他在具體研究的過程中，對生態心理學的認識越來越開放。

■斯沃茨和馬丁的觀點

斯沃茨（J. Swartz）和馬丁（W. Martin）的研究方向是應用心理學。他們是根據行爲產生的原因，或者說根據某種對行爲產生的決定論解釋，對生態心理學的意涵進行分析、歸類和總結的。

他們（一九九七）認爲生態心理學的基本假設是：行爲是人和環境的函數，即行爲＝F（人×環境），研究單位是自然的環境。他們還認爲，儘管生態心理學的基礎假設一直保持著它最初的含義，但是不同的理論家傾向於從不同角度研究生態問題，而這些不同的角度可以歸納為兩個向度：實際環境與被感知的環境、個體與群體。按照這兩個向度來劃分歷史上頗有影響的生態心理學家的理論，可以分為以下四種類型：

1.行為＝F（被感知的〔環境〕×個體〔人〕），從歷史上看，這種模式的代表人物是勒溫（K. Lewin）。勒溫關注影響個人行為的主觀環境，即心理環境（被勒溫稱為「生活空間」）。
2.行為＝F（實際〔環境〕×群體〔人〕），這種模式的代表人物是勒溫的學生巴克及其同事，他們將關注點放在更加客觀的環境特性上，他們稱這種環境為「行為背景」。
3.行為＝F（被感知的〔環境〕×群體〔人〕），這種模式的代表人物是莫斯（R. H. Moos）及其同事，他們從一種社會生態學的角度，用心理學術語來描述社會環境，並認為群體如何知覺環境將影響他們隨後的行為。
4.行為＝F（實際〔環境〕＋被感知的〔環境〕×個體〔人〕＋群體〔人〕），這種模式的代表人物是在凱利（J. G. Kelly）、特里克特（E. J. Trickett）和陶德（D. M. Todd）等人，他們對社會環境的強調與莫斯相似；不過，凱利等人擴大了對環境的描述，他們藉由物理或社會邊界或藉由個體知覺，來確認在社區教育中實施生態干預的關鍵性因素。

■赫夫特的觀點

赫夫特（H. Heft, 2001）認為，在過去的幾十年中，被越來越多的心理學家所信奉的生態心理學的基本思想是：承認背景性因素在心理現象中起著關鍵作用；以多元的和交互的因果性取代單一因果性和對事件的單向解釋。

他認為，生態心理學目前還沒有形成統一的典範，其原因是生態心理學家只在宏觀觀點上達成一致，而在其他方面卻有某種程度的分歧，提起生態心理學，會讓不同的人分別想起吉布森、布倫瑞克、巴克和布朗芬布倫納四人的研究。他還認為生態心理學之所以被輕易推到了心理學的邊緣地帶，就是因為它沒有形成統一的典範，但是由於生態學共同的基本思想，生態心理學還是有可能整合為一種「涵蓋範圍廣的，尤其是在理論上一致的生態心理學」[2]。而且現有的主流實驗心理學作爲一門學科，將不可避免地朝向一種生態心理學的立場發展。

從上面的介紹中，可以初步歸納出，對於生態心理學，人們已經形成了以下幾點共識：

第一，生態心理學強調環境或背景性因素的重要性，反對脫離環境孤立地研究有機體的心理或行爲。

第二，生態心理學對心理學的理論貢獻主要表現在：對背景性因素或實際情境的強調；新的因果解釋即多元的、交互的因果解釋；對應用學科具有很強的指導性。

第三，巴克和吉布森是被大家一致認同的生態心理學的重要代表人物。

第四，生態心理學有著廣闊的發展前景，有的學者甚至認爲它有可能取代實驗心理學的地位，成爲心理學的發展主流。

第五，生態心理學目前基本上沒有形成統一的典範，如何整合問題還有待於進一步研究。

我們注意到個人的視角不同，分類就不同。奈瑟主要是從認知和發展兩個領域來總結的；斯沃茨等人更關注生態心理學的應用問題，因此他們對於「布倫瑞克－吉布森－奈瑟」這條主要在心理學基礎領域中的發展線索並沒有提及。另外，他們主要把社會行爲作爲研究對象，所以他們沒有提到布倫瑞克和吉布森等人對知覺等心理現象的生態心理學研究。

這些研究成果是可喜的，但是仍然存在著對生態心理學的整體認識不夠全面的問題。所以我們有必要從生態心理學的縱向發展歷史和橫向影響領域，以及研究的不同層次，對生態心理學做一個較詳盡的考察與評論，然後在此基礎上對生態心理學的意涵做一些分析和界定。

二、本書界定

由於生態心理學目前還沒有形成統一的典範，我們有時把它看成是一種取向比看成是一門學科更爲妥當，更能反映它內部複雜的現狀，也更具包容性。對於它的界定問題，就「生態心理學」名稱而言，如果顧名思義，就是與生態學有關的心理學研究。但是作這種簡單的判斷，不能說清楚生態心理學目前這種複雜現狀，相反的，從多角度多層面來分析生態心理學對我們認清它更有好處。在綜合分析基礎之上，再對它進行歸納、整合，以求能更加全面而準確地把握它。但是這種多角度多層面的數量也有一個限度，不是說面面俱到，將所有相關的人都包羅進來才是最好的，而是盡可能給人一個提綱挈領的整體印象，讓人瞭解什麼是生態心理學的大致情形。

如果按照上面那個籠統的定義，從二十世紀中期開始，凡是在心理學領域中出現的、與生態學思想沾上邊的都能包括進來，最早從主張研究環境和有機體之間關係的布倫瑞克的機能主義研究和勒溫的「心理的生態學」研究，萊文（M. Levine, 1938）的人格心理學，廷伯根和洛倫茨的動物行為學；到一九六〇年代巴克和吉布森借用生態學方法來研究行為背景和知覺等心理現象所進行的研究，埃莉諾・吉布森的知覺發展理論，凱利的社區心理學，勒夫奎斯特和達文斯（L. H. Lofquist & R. V. Dawis, 1969）等人的職業／人格心理學；一九七〇年代初的斯特恩（G. G. Stern, 1970）的人格心理學，再到一九七〇年代末至一九八〇年代末，布朗芬布倫納運用生態學方法所進行的人類發展研究，奈瑟運用生態學方法所進行的自我和記憶等認知問題的研究，維果茨基的歷史文化發展理論[3]，布魯納的語言習得的社會認知理論，莫斯的生態社會心理學；一九九〇年代，由羅札卡（T Rozak）等人倡導的生態危機與人類行爲和心理關係的研究，托馬塞洛（M. Tomasello）的語言習得的社會認知理論，特倫的活動和運動控制的動力系統理論等等，都可以包括進去。

如果把歷史上所有對環境重視的研究都納入生態心理學，那麼除了上面提到的理論之外，我們還可以把新行爲主義者托爾曼（E. C. Tolman）的目的行爲理論、精神分析學的社會文化學派、皮亞傑（J. Piaget）的認知發展理論和班杜拉（D. Bandura）的社會學習理論都納入進來。一九三〇年代，新行爲主義者托爾曼提出的整體行爲，其中很多就是自然生活中的實際行爲，如兒童上學等等。一九三〇年代興起的精神分析社會文化學派，認爲社會文化是人格形成的決定因素，並且用社會文化環境的因素來解釋心理病因。這兩個學派從解釋傾向上說都重視環境（文化）因素。前者的環境是指一般意義上的環境，後者特指人類社會文化環境。一九五〇年代，皮亞傑明確提出影響兒童心理發展的四個因素：一個是個體內部因素即成熟，兩個是環境因素即物理環境和社會環境，另一個因素可以說是前三個因素的交互作用形成的因素，即平衡化。這就非常明白地表明了環境和個體交互作用的觀點。一九六〇年代興起的社會學習理論創立者班杜拉，持有個體內部因素、行爲和環境影響三元交互作用的觀點。他認爲這些相互依賴的因素在不同的場合，都有可能成爲決定因素，不過他特別強調認知因素在行爲中的決定性作用。後面這兩個理論從解釋傾向上來說，是屬於環境和個體的交互論。皮亞傑的環境指一般意義上的環境，班杜拉特別強調社會文化環境。

對環境的關注是生態心理學的共識，不過，按照他們對於環境關注程度和方式的差異又可以分爲兩大類，一類理論把環境只看作是研究對象的考察背景，要麼認爲環境是影響行爲和心理的重要因素，如新行爲主義和新精神分析學派，要麼認爲人的認知因素決定了人與環境相互作用的性質，如皮亞傑的認知發展理論和班杜拉的社會學習理論，他們都不把環境作爲直接的研究對象。維果茨基的發展理論也屬於這一類，維果茨基自己說過：「從發生的角度看，一切高級機能之間的關係都是以人們的社會關係、現實關係爲背景的。」[4]另外一類理論是把環境和人的交互關係作爲研究對象，將環境作爲研究對象之一，環境或人的認知因素不單獨對行為或心理起主導決定作用，起主導作用的是環境與人的交互作用。這樣的理論包括勒溫、布倫瑞克、巴克、吉布森、奈瑟和布朗芬布倫納等人的理論。我們可以把包括這兩類理論的生態心理學稱為「廣義的生態心理學」，而把只包括後一類理論的生態心理學稱為「狹義的生態心理學」。我們一般所指的生態心理學是指狹義生態心理學。但是這種兩大類的劃分是粗糙的，只是用來幫助人們初步認識生態心理學。如果我們一一對比這兩類理論，就會發現這些理論不是涇渭分明的，既有交叉又有各不相同的地方，例如，皮亞傑的發展理論和吉布森的知覺發展理論就有很多一致的地方[5]。本書主要討論狹義生態心理學。我們可以對狹義生態心理學的主要人物的理論，從不同層次上進一步分類，用來說明他們之間更細微的差異和相同之處。

如果從整體研究的層面來分，巴克和吉布森的兩個研究典範主要是對心理學理論和方法的探討，但由於這種生態學總體主張之一是研究真實生活的心理現象，所以他們的思想與實踐還是密不可分；而羅札卡等人的研究典範是屬於心理學的純應用層次。

如果從研究對象即有機體的研究水準上來分，可以提取出三個大的研究典範，以吉布森研究個體有機體（或動物）知覺和環境的動態交互系統（即個體內水準研究）爲典範，奈瑟、里德（E. Reed）等人的思想都是這種典範的發展；以巴克等人研究群體行爲－環境同型體（behavior-environment isomorphy）的動態交互系統（即個體間水準研究）爲典範，斯格根（P. Schoggen）、布朗芬布倫納的思想是這種典範的發展；以羅杋卡研究生態系統和人類行爲、心理相互關係（即群體間水準研究）爲典範，溫特（D. Winter）和霍華德（G. Howard）的思想也屬於這個典範。

如果從研究對象中包含的環境的研究角度來分，可以分爲勒溫、莫斯等人以被感知的環境或心理環境作爲研究著眼點的研究典範，和巴克、吉布森、奈瑟等人以真實的環境或生態環境爲研究著眼點的研究典範。

實際上，以上是就宏觀方面對狹義生態心理學進行歸類，其實在每一個向度中的小層次上，它們的理論既有一致也有差異的地方，它們的思想來源也有差別和共同之處，所以有必要對它們進行理論探討，釐清它們之間的關係。本書的研究定位就是對生態心理學進行理論研究，即探索它的歷史發展，對它的產生背景進行分析，在整合主要的生態心理學家的理論學說的基礎上，力圖建構出統一的生態心理學的理論體系，研究各個分支學科在它的影響下所提出的相應理論，研究它在心理學所處的理論地位和它對心理學理論發展的影響。

本書理論建構是以巴克爲核心和以吉布森爲核心的典範爲基礎，並試圖整合和延伸他們的思想，建構統一的生態心理學的理論體系。爲什麼選擇這兩個人爲核心的典範來進行理論整合，原因有以下幾點：(1)他們的思想與傳統心理學取向的分歧最大，最具有反叛性。一個新的取向的產生，當然離不開眾人前仆後繼、不斷發展的力量的聚合才能形成，但是真正能被人們認可爲一個新的取向，將他們的思想與其他思想區別開來的，還是那些最具有反叛性和獨立性思想的提出者，在生態心理學中，就是巴克和吉布森。當然，一個取向走過了頭，後來的繼承者又會不斷地修正過來，在新的視點上給予這個取向新的增長點。(2)他們的思想具有代表性，能和這個取向中很多人的思想聯繫起來。在他們的體系中，可以找到與這個取向中其他人的思想相似的地方，還有許多人的思想就是直接在他們的思想基礎之上生成的。(3)他們的思想都形成了相對完整而獨立的體系。(4)他們的思想既有區別又有共性，爲兩人思想的整合提供了互補和通約的條件。(5)他們的思想都屬於理論層次，而且他們都在自己的實踐研究基礎上，提出了具有指導意義的理論體系，爲生態心理學在很多領域的應用打下了良好的理論基礎。(6)他們的研究幾乎是同時進行的，也就是說，他們的時代精神背景大體是一致的。通覽所有人的研究，同時具有這些特徵的只有他們。以上這些特點使得整合他們的思想成爲可能。需要說明的是，這種整合只是以他們兩人的思想爲基礎，並不排除對他們思想的修正和擴展，比如布朗芬布倫納和奈瑟的思想，他們兩人的思想修正了巴克和吉布森過於偏激的地方。

值得一提的是，我們在理論建構的時候，不直接包括羅札卡等人的思想，其理由有兩點：其一是由於羅札卡等人的思想屬於心理學原理的應用，即運用心理學原理來解決生態危機問題，屬於應用心理學範疇。其運用的心理學原理不一定是生態心理學的理論，而有可能是整個心理學範圍之內的任何學派的理論。這樣，它就偏離了本書的研究定位。另外，這裏要分清屬於應用心理學範疇和與應用緊密聯繫之間的區別，羅札卡的研究是屬於心理學原理的應用，它的研究主題已經不屬於心理學的理論範疇；而巴克（這裏指巴克在一九七〇年以前的思想）和吉布森的思想是與應用緊密聯繫的，其中蘊含的意思是：他們的研究主題還是屬於心理學的理論範疇，他們的思想體系既蘊涵著心理學的基本理論，例如對身心問題、心理現象的解釋問題、心理學的對象和心理學方法等問題的看法，可以上升爲心理學的元理論指導心理學及其分支學科的發展；同時又包括具體理論，可以直接指導與之相關的研究領域中的實踐。另一個原因可以說與第一個理由有聯繫，由於羅札卡的研究是對心理學原理的應用，比較容易在這個應用領域中，與具有其他學科背景的研究人員進行橫向合作和交流，因此羅札卡的研究團體不純粹是心理學家，其思想不純粹是心理學思想。更重要的是他們所關心的中心問題是生態危機，與心理學的聯繫很鬆散，因而有的研究者的關注點不再放在心理學上，以至於超出了心理學領域，演變爲其他學科對心理學的應用，或者說從心理學角度研究與多學科相關的生態危機問題，這樣其學科性質就已經改變，儘管目前學科間的界限日益打破，但我們仍然依據主要的研究對象來對學科進行區分。這種區分不是要把心理學畫地爲牢，束縛心理學發展，也不是說以吉布森和巴克爲核心的生態理論與羅札卡等人的生態理論沒有共同之處。這種區分是基於本書的研究目標而言，本書的研究目標是在理論層面上整合生態心理學，以便能更好地促進心理學的發展。一個問題外延越廣，其內涵越小，共同的地方越少，主張的共同點所在的層次越高。因此，如果將羅札卡爲代表的思想都整合到這種生態心理學的理論研究中來，勢必會減少整合後的生態心理學共同的內涵。換句話說，羅札卡的研究典範對理論建設的意義沒有巴克典範和吉布森典範的大。國外一些學者也支持將羅札卡與其他人的思想分離的觀點。斯卡爾（J. Scull）主張將“ecological psychology”（生態心理學）和“ecopsychology”（生態學心理學）[6]區分開來，認爲後者是環境心理學（environmental psychology）的分支，並且認爲後者的兩位研究者（溫特和霍華德）用前者作爲他們著作的書名使人容易產生混淆[7]。

爲了讓大家對生態心理學有一個整體的印象，可以根據吉布森和巴克等人的思想，初步將生態心理學的意涵界定爲：生態心理學強調研究動物[8]（人）－環境交互體的動態交互過程，尤其傾向於研究生態環境中具有功能意義的心理現象。這裏需要說明的是：動物和環境交互體是指他們是相互嵌套，相互依存的，並組成一個多元嵌套的、層次遞進的、有結構和秩序的、具有自動調節的生態系統。動物是廣義的，這裏主要指屬於動物序列上的人。環境，在這裏是指生態環境，它作爲心理學的研究對象——動物－環境交互體的成員之一，與作爲物理學和生態學等其他自然科學研究對象的區別是，它不僅包含物理特徵，而且還包含社會特徵，例如指導環境中的居民完成常規行爲過程的規則和標準。作爲心理學研究對象動物－環境交互體中的環境，在本體論上與知覺者或行動者聯繫著；並且物質或世界不是與心理或知覺者（行動者）完全分離的單個實體。正如生態心理學家吉布森所說：「動物和環境兩個詞組成了一個不可分離的對子。每一個術語都包含著另一個。」[9]動態交互過程相當於傳統心理學中的心理或行爲等等，但是這種研究對象已經不是原來意義上的概念，需要在新的概念背景中重新理解。定義的後半句是針對傳統主流心理學研究實驗室背景中的無現實意義的心理現象而言的，這也是生態心理學所極力反對的研究對象及其包含的研究模式和研究方法。

註 釋

[1]U. Neisser, "The future of cognitive science: An ecological analysis", In D. M. Johnson & C. Emeling(eds.), *The Future of the Cognitive Revolution*, Oxford: Oxford University Press, Inc., 1997, pp.245-260.

[2]H. Heft, *Ecological Psychology in Context: James Gibson, Roger Barker, and the Legacy of William James's Radical Empiricism*, Mahwah NJ: Lawrence Erlbaum Associates, Inc., 2001, p.xxxv.

[3]把維果茨基的理論放在這段時期是與奈瑟所提到的版本保持一致。

[4]維果茨基著，龔浩然譯，《維果茨基兒童心理與教育論著選》，杭州：杭州大學出版社，1999年，第15頁。

[5]王振宇，《兒童心理發展理論》，上海：華東師範大學出版社，2000年，第55頁。

[6]Ecopsychology 就是羅札卡為了以示與以前的 ecological psychology 區別而創造的新概念。Ecological psychology 就是大多數人所說的「生態心理學」。

[7]J. Scull, "Ecopsychology: where does it fit in psychology?". *An Earlier Version of this Paper Was Presented at the Annual Psychology Conference*. Malaspina University College, March 26, 1999.

[8]在生態心理學的研究中，動物一詞出現的頻率是很高的。生

態心理學用動物的泛指意義來說明包括人在內的所有動物，這樣的說法並不是要抹殺動物和人的區別，而是使得它的研究更具有生態學意味。

[9]J. J. Gibson, *The Eological Aproach to Visual Perception*, Boston: Houghton Mifflin Company, 1979, p.8.

第二章
生態心理學之歷程

自一九四〇年代，生態學的概念首次在心理學研究中出現以來，人們不斷借鑒生態學的概念和思想，充實自己的理論主張，甚至推翻原來的理論而創建新理論，隨著這支研究隊伍的擴大和這方面思想的縱深和橫向發展，在心理學研究中逐漸形成了一種大的態勢——生態心理學。在生態心理學的發展歷程中，有著異彩紛呈的人物和各具特色的理論主張以及具體研究。

爲了對生態心理學的發展歷史有一個比較清晰的印象，本書主要選擇其中幾位人物作爲勾勒生態心理學發展圖景的線索人物：勒溫、布倫瑞克、巴克、吉布森、布朗芬布倫納和奈瑟。選擇這些人物，是依據如下一些標準。

首先，在他們的思想中已經明確包含了生態學思想（包括萌芽），而且他們之間有著思想發展的前後聯繫，他們可以簡明地代表著生態心理學思想的發展脈絡。勒溫和布倫瑞克的思想是巴克思想和吉布森思想的主要來源。巴克和吉布森的思想是生態心理學中最主要的兩個典範，雖然有著比較大的差異，但是它們同時又具有共同的思想來源和理論主張，布朗芬布倫納和奈瑟分別吸收了他們四人的思想，進一步發展了生態心理學。

第二，他們的思想代表了生態心理學在心理學歷史發展中的幾個主要階段，他們可以代表生態心理學的縱向發展脈絡。勒溫和布倫瑞克是生態心理學思想的萌芽，巴克和吉布森的思想標誌著生態心理學的確立，布朗芬布倫納和奈瑟是生態心理學進一步的發展。

第三，從生態心理學確立以後，巴克、吉布森、奈瑟和布朗芬布倫納的思想分別代表了生態心理學在心理學兩大重要分支領域的研究，他們四人的思想可以簡要地代表生態心理學的橫向發展脈絡。吉布森、奈瑟思想代表了認知心理學和認知發展心理學領域的研究，反映了生態心理學在一般個體的基本心理現象及其發展領域中的研究成果；巴克和布朗芬布倫納的思想代表社會心理學和社會發展心理學領域的研究，反映了生態心理學在社會群體和人類發展領域中的研究成果。

第四，吉布森、巴克和奈瑟等人的個人思想發展歷程大都包含了重大的思想轉變（或飛躍），但是他們的轉變程度和方向卻有著個體差異。對他們的思想轉變的考察和分析，有助於我們初步認清生態心理學與傳統心理學的關係及其蘊涵的發展趨勢。布倫瑞克還只能算是傳統主流心理學的一個不和諧的音符，勒溫本身雖然屬於與主流心理學對立的非主流陣營，但他的生態學思想只起了一個頭就停止了（即只包含了一些萌芽），他們兩人的思想仍然屬於吉布森和巴克要超越的傳統二元心理學範疇；巴克、吉布森則完全從傳統心理學中脫胎出來，巴克經歷了三個階段的轉變，先是從傳統心理學中分離出來，進入生態心理學領域，又進一步從心理學理論研究轉向了心理學的社會實踐研究（即從生態心理學轉變爲生態行爲科學）；吉布森的思想分爲心理物理學階段和生態心理學階段，前一階段屬於從傳統心理學中慢慢脫離出來的過程，後一階段屬於完全與傳統心理學對立的階段；奈瑟從傳統主流心理學的領頭羊轉變爲與傳統主流心理學對立的領袖人物之一，但是後來他又糾正了這種取向對傳統心理學幾乎完全否定的過激作法，看到了這種取向與傳統心理學的互補性。將他們聯繫起來看，我們可以瞭解生態心理學是如何從傳統心理學中脫胎出來，又是如何與之對立和聯繫的，而且這種對立是思想基礎的對立，而聯繫是在具體研究對象和方法上的聯繫，但是對象的內涵以及對它的看法已經發生了變化。

第五，這幾個人都是生態心理學中具有深遠影響的人，每一個人的思想都對後來生態心理學的發展產生了不小的影響。他們的思想，好像是一個個寶藏，無論怎樣研究都不嫌過分。而且藉由他們之間的相互關係的梳理來闡述生態心理學的發展歷史，也是未曾有過的。

一、萌芽（二十世紀初至一九五〇）

生態心理學的歷史可以追溯到二十世紀初，諮詢心理學家帕森斯（F. Parsons）提出藉由個體和環境兩者的知識獲得的滿意解釋，不是它們中的單獨一個所能提供的。這種個體－環境心理學的假設後來在交互論者的理論中被擴展。特別是，早在一九二四年，坎特（J. R. Kantor）認爲當個體是環境的一個函數並且環境是個體的一個函數的時候，作爲心理學的研究單位的個體必須是與產生行爲的環境交互作用的個體。換句話說，行爲是個體和環境的交互作用的一個函數，B＝f（P, E）。十年之後，格式塔心理學家考夫卡（K . Koffka, 1935）更進一步將交互作用模式的環境要素描述爲個體的地理環境，而且行爲環境（心理環境）是地理環境和個體之間的交互作用的結果。按照考夫卡的理論，對個體行爲的理解不能單獨從考察個體或考察環境中得出，而是有賴於兩者的同時考察。儘管生態模式的根基好像有一個漫長的歷史，但是，最早使用與生態學有關的術語的心理學家是勒溫和布倫瑞克，很多人因此把生態心理學的源頭歸功於他們兩人。

勒溫和布倫瑞克開始重視傳統心理學研究對象的背景或環境，並提出要將環境的研究納入心理學的研究之中，但是他們對環境的看法與確立階段的巴克和吉布森有所區別，並且也沒有突破心理學原有研究模式的局限性。

庫特・勒溫

勒溫（Kurt Lewin, 1890-1947）一九四四年發表了一篇題爲〈心理生態學〉（Psychological Ecology）的文章，該文最早提出與生態學有關的概念和思想。勒溫在該文中呼籲要考察個體和群體的行爲，就要先考察環境爲這種行爲的發生所提供的機遇和條件。並且，勒溫以他自己對美國人的飲食習慣爲什麼難以改變的研究結果爲例加以說明，他發現：影響人們飲食習慣的不僅僅是個人的態度傾向，所謂的非心理因素，例如在某個地區某種食物的供應狀況、食物分配和經濟因素，對飲食習慣有著更大的決定性，也即是說非心理因素限制著行爲的可能性[1]。這裏，反映出心理學家開始將目光轉向心理學研究對象的背景，並且認爲研究對象和背景之間有著某種關聯。

但是他只是提出這樣一個新的概念，除了上面提到的飲食習慣分析，他並沒有深入地研究它。並且他這種萌芽性的研究中，還帶有傳統研究模式的痕跡：他所包含的生態心理學思想僅限於研究「人們對環境的知覺，而不是環境的實際特徵。實際上，勒溫給予研究客觀環境的理由是：它影響人們的知覺，然後藉由知覺影響他們的行爲。換句話說，勒溫認爲環境對人們如何行爲只是給予間接的影響」[2]。他的思想與正式確立的生態心理學對行爲和環境的直接關係的看法有很大的差異，甚至是思想根源的差異。不過，他對環境研究的倡導，特別是對人類活動的社會環境和人的動機因素的重視，與當時的主流心理學只關注較單一的無意義的物理刺激相比，它又是大大的突破，是生態心理學發展道路上邁出的第一步。

勒溫對後來的生態心理學的影響，主要表現在宏觀方面，即他對場論這種整體而動態工具的運用與對環境研究和實際問題研究的倡導。巴克是勒溫的學生，受到勒溫的直接影響，他沿著勒溫開創的「心理生態學」道路繼續走了下去。布朗芬布倫納自己明確承認他不僅從勒溫那裏繼承了他的理論優點，而且還有理論缺陷[3]。

■ 埃貢・布倫瑞克

與勒溫同時代的布倫瑞克（Egon Brunswik, 1903-1955），他的主要興趣是知覺研究（1947）[4]。布倫瑞克對生態心理學的三大重要貢獻是：提出包含著生態學思想的兩條原則、建立與生態心理學的知覺理論相接近的透鏡模式，和最早提出並倡導「生態效度」概念。

布倫瑞克在《心理學的概念體系》中對心理學的發展進行了總體分析，他發現了一種從「被包裹的心理學」(encapsulated psychology)向更加「機能的心理學」(functionalistic psychology)發展的總趨勢。他用「被包裹的心理學」來形容只關注有機體的心理學，例如只關注心理機制的本質而不涉及環境的心理學。他認爲心理機制是在有機體適應環境的過程中被進化的，只有在這種背景中它們才能被理解。因此，心理學的研究對象必須轉向機能的性質；心理學研究必須關注有機體在日常環境中達成重要目標的能力。在一九五六年的著作中，他更進一步提出，一種正確的心理學必須是一門關於有機體－環境關係的科學，而不是關於有機體的科學，而且它的主要目標必須是研究有機體如何與它的環境保持一致。這種機能主義的心理學有兩條基本原則[5]：

第一，心理過程必須在環境背景(context)中研究，以提供(有機體)成就[6]的基本資料。這條原則又包含兩個方面：心理過程必須在代表性條件下研究；心理過程必須在行爲一研究同型體

（Behavior-Research Isomorphy, BRI）中研究，即所謂的 BRI 原則，它強調研究日常環境中發生的行爲。這裏必須說明的是，代表性條件是指代表有機體的日常環境的條件。

第二，環境和心理過程在心理學研究中必須給予同等的關注。

布倫瑞克的這兩條原則後來成爲被大多數生態心理學家所遵循的一個主要研究思路，即研究自然（或真實）條件下的心理和行爲，並且在研究中將行爲與環境擺在同等地位上。在下面介紹的巴克和吉布森等人的思想中，我們都可以看到這種思想的貫徹，以及如何在與具體的理論研究結合的過程中進一步得到系統化和深化。

布倫瑞克在生態心理學上的啓發性工作，不僅體現在以上這種宏觀主張上，而且還在具體理論即知覺理論中對以後的生態心理學家有著深刻的影響，因爲它裏面包含著對環境的看法以及環境與有機體關係的看法，而這就爲以後的生態心理學家提供了繼續走下去的參照。

他（1956）在知覺的研究中提出「概率論機能主義」（probabilistic functionalism）思想，其中透鏡模式是它的中心觀點。這種思想是第一個明確倡導對刺激環境進行詳盡的生態學分析的知覺理論[7]。概率論機能主義中心意思是，知覺的近的線索即在感受器表面的刺激和它們遠的來源即環境之間有著一種概然的關係。也即是說，近的線索是遠的條件「不完全」的預測者，兩者之間的聯繫程度是個體在環境中藉由經驗習得的。這種概然的關係是在透鏡模式中實現的。所謂透鏡模式即 E-O-E 模式：它用來描述環境－有機體之間的關係。這個弧連續跨越了遠的物體（E）、近的刺激、感受器的過程、中心有機體的過程（O）、運動過程、近的行爲和遠的成就（E）（即結果）。這個模式說明了知覺是屬於遠的物體（弧的一端），還說明了反應是關於遠的物體（在這個弧的另一端），以及弧的這些端點是以有機體過程爲中介的[8]。這就是布倫瑞克的透鏡模式。布倫瑞克在他的知覺理論中實踐著他的機能主義總體原則，他對刺激和反應之間關係的解釋，打破了傳統行爲主義的「全或無」式的機械因果決定論，由必然性走向了概然性。E-O-E 弧與傳統的 S-R 模式也有了很大的改變，加入了他本人所倡導的對環境的同等關注。但是，這個弧仍然是一個輸入一輸出系統，或者說一種 S-R 模式的變種。這是因爲布倫瑞克在思想基礎並沒有走出傳統的範圍，他仍然保持外在於經驗的世界和主觀經驗到的世界的二元區分，因而在對環境的這種關注中，他仍然沿用具有傳統色彩與意義的概念如刺激、線索和反應等等。這種從思想基礎到概念工具的運用對傳統二元論的突破，在吉布森和巴克那裏完成了。

布倫瑞克對生態效度的倡導是他自己實現他的機能主義總原則的另一個體現。他的機能主義主張是對只研究有機體的傳統心理學的反對，相應地，他認爲應該用在環境背景中的研究代替實驗室研究。生態效度就是針對實驗室研究的弱點而提出的。布倫瑞克關於生態效度的思想是在他的機能主義視知覺研究中形成的。一九四九年，他第一次使用「生態效度」術語，並把它定義爲「個體的自然或習慣居住地的刺激變量的發生及其特性」[9]。在一九五五年，他在〈在機能主義心理學中的代表性設計和概率論理論〉一文中又使用了「生態效度」。這裏，生態效度是指提示線索能協助有機體完成一次與環境交互作用的協變程度[10]。一九五六年，在《知覺與典型心理實驗設計》一書中，他進一步倡導生態效度，這時，他把生態效度界定爲預測某一刺激或提示線索是否可靠的指針[11]。我們看到它的定義越來越接近現代意義上的生態效度。

生態效度對生態心理學的影響也是不言而喻的，它經過後人更加生態化的闡釋，直接構成生態心理學的一個中心概念。吉布森的直接知覺理論就使用了這個術語[12]。奈瑟（1985）在列舉早期的生態心理學的時候，將布倫瑞克（1956）對生態效度的倡導包括進去[13]。而且奈瑟還進一步將它生態化，他將生態效度界定爲一個理論或一個實驗結果能夠說明或預測人們在真實的、各種不同背景中的行爲的程度。而且生態效度對整個心理學界的影響也是相當大的，由於它正好彌補了實驗室研究的不足，可以減少人們對實驗室研究的批評，它在被充實和擴大的過程中被現代心理學家普遍認同。例如，海門（G. W. Heimen）指出，效度指針主要有四種：外部效度、內部效度、結構效度和內容效度，其中外部效度由生態效度和時間效度組成，他把生態效度界定爲：研究結果推廣到一般行爲與自然背景的程度[14]。

從以上對勒溫和布倫瑞克的分析中，我們可以看出，他們的思想都只包含了生態心理學的萌芽。他們的觀點仍然屬於傳統心理學範疇，他們的生態學思想還有著傳統心理學的痕跡，例如勒溫認爲生態環境和行爲的關係是間接的，這是因爲他們對於傳統心理學賴以存在的基礎問題——身心關係和對心理現象的解釋等問題，仍然沿襲傳統二元的觀點，儘管勒溫迴避這些問題，不過，從他的觀點中還是能推出他的看法，他對心理環境和自然環境區分就屬於現象學的二元論思想，即在真實的世界之外還假定一個現象世界的存在。因此，對生態學所關注的主題即環境和有機體（行爲）的關係問題，他們都不能很好的深入下去。但是，勒溫和布倫瑞克在傳統心理學陣營中又屬於富有創新精神的異類成員。正是他們的創新精神促使他們敏銳地看到傳統心理學的問題所在，儘管他們的思想對於生態心理學來說是星星之火，但是足以引發巴克和吉布森革命傳統二元心理學的燎原之勢。

二、確立（一九五〇至一九七〇）

正如前面提到的，對環境和行爲關係的深入研究和對傳統心理學的突破，是由巴克和吉布森來完成的。這也正是兩位生態心理學家同時進行的兩大主要任務，而且這兩大任務在他們建構各自獨具特色的理論過程中是相輔相成的，在對環境和行爲的深入研究中，完成對傳統二元心理學的全面瓦解，而在一步步瓦解傳統心理學的基礎上，完成對環境和行爲關係的創造性理論建構。

■羅傑・巴克

巴克（R. G. Barker, 1903-1990）是勒溫的學生，他繼承了勒溫對環境和行爲關係的興趣。但是勒溫自己不但沒有深入研究下去，而且他的研究方法還停留在人爲的背景（即實驗背景）中蒐集資料的傳統研究模式階段，不能爲巴克提供研究生態背景的有效工具。由這一缺陷所帶來的問題，巴克在布倫瑞克的研究中找到了解決問題的方法。布倫瑞克的大部分研究資料都是在自然環境中蒐集來的（這是布倫瑞克對他兩大原則之一的實踐）。巴克將勒溫引起的研究興趣和布倫瑞克的研究方法結合起來，開創了在自然現場中蒐集環境和行爲關係的研究資料的新模式。巴克在把這兩者結合運用到他的研究過程中的時候，逐漸剔除了這兩人的傳統作法：他否定了勒溫將人們從他們的自然環境中抽離出來的作法；又不贊成布倫瑞克過於強調環境的無秩序和概然的特徵。那麼，他是如何進行這項研究的且又作得如何呢？巴克和他的同事一道，對兩個生態小鎮進行了長達二十五年的自然主義研究，並最終確立了著名的生態心理學理論——行爲背景理論和一系列行之有效的生態心理學的研究方法。

就巴克研究的開創性而言，他對生態心理學所作出的貢獻主要表現在以下幾個方面。

第一，開創了行爲和環境交互關係的現場研究。他對行爲和環境交互關係的研究，尤其是藉由對自然現場即真實行爲發生所在地的研究來解釋群體行爲的作法，在當時以實驗室研究爲主流的背景中，是前所未有的，這也成爲生態心理學的主要研究對象。儘管行爲主義被稱之爲環境決定論者，但是行爲主義研究中的環境僅僅指：從實際環境中被研究者分離出來的、引起有機體反應的單個外部刺激，而且絕大部分還是在實驗條件下發生的。這與巴克所研究的環境有著本質的區別。巴克重新定義了這種作爲行爲的真實背景的環境，即把它定義爲「行爲背景」（behavior settings）。在當時的研究領域中，只有機能主義，尤其是芝加哥機能主義學派的研究，對環境的重視程度可以和巴克相比擬。但是在環境和行爲（心理）的關係上，機能主義更強調有機體對環境的適應功能，他們的研究對象還是環境中的心理機能。他們的研究目的是揭示心理（意識）是如何與各種生理活動、與構成環境的社會和物理的世界內的各種對象和事件相聯繫的。簡言之，機能主義心理學是關於意識基本效用的心理學。在機能主義那裏，環境真可謂是研究的「背景」，而不像在巴克那裏，環境已經成爲研究對象本身的一部分，以及研究主題中的有機成分，這也是生態心理學最爲突出的特徵。但是我們也不可否認機能主義對生態心理學的影響，尤其是詹姆士（W. James）的思想，不過他們的思想更多的是從思想基礎上影響巴克和吉布森，他們的具體主張倒是與生態心理學有一定的距離。

巴克對環境和行爲的交互研究，包含著一種從交互關係的角度對環境進行定義和研究的作法。不可否認，進步的確在那些試圖研究日常背景中的心理現象的研究領域中緩緩進行，如環境心理學與社會學的某些方面。但是在這些領域中這種研究與生態心理學的差異是，它們趨向於採用一種建構主義的變異取向。正如沃維爾（J. F. Wohlwill, 1973）所指出的：環境定向的社會學家將環境的經驗定位於個體的頭腦中，以圖式、認知地圖、個人結構等等出現；環境定位的心理學家的主要目標，是試圖闡述個體的心理行爲和心理發展的共同的環境特徵的清晰度。在其他事情之中，這種研究可以澄清環境條件和心理現象之間的關係……但是，當環境的基本特性包括它們的意義歸因於位於私人的、個人頭腦內的領域中時，這些目標如何完成？沃維爾指出，如果環境心理學家解釋環境經驗爲一種私人的、個人頭腦中的現象，那麼知覺者共用和共存的普通世界，與特異的個人頭腦中的「世界」之間，就存在一種不可跨越的鴻溝[15]。巴克反對這種以個體經驗來定義環境的作法，而將環境定義爲獨立於個體經驗而存在，並在與其中的成員交互作用中反映出一定的結構和秩序。

第二，重新解釋了傳統概念和建構了新的理論概念。這一工作爲生態心理學建構自己的理論體系提供了有效的工具。例如，巴克創造出「行爲背景」，用來重新解釋傳統的環境概念，與之相關的新概念還有：「行爲—背景同型體」。對於生態心理學來說，「行爲背景」最重要的價值是，它提供了一種能夠在它原有水準上對人類環境進行描述的單位。巴克反對布倫瑞克的概率論機能主義，對於巴克來說，環境是有結構的，其生態單位是由規則給定的，並且在它們的發生發展中沒有混亂或概然的東西。他把環境看成是一套分等級秩序的、鑲嵌在另一個系統中的、自我調節的系統。每一個環境系統既限制著其他系統又被其他系統限制著。巴克說，行爲背景理論讓我們在某種程度上超越勒溫和布倫瑞克的理論，他們和其他心理學家假定，環境變量在沒有考慮環境的居住者的行爲情況下發生，它們是獨立變量。按照行爲背景理論，人類整體行爲的生態環境和其居住者不是各自獨立的；而且環境是由非人類成員、人類成員和控制圈組成的實體，自我平衡地管理著生態行爲，其中控制圈以預測的方式改變著成員，以保持環境實體處於它們的獨特狀態[16]。行爲背景的發現，標誌著巴克從半生態研究即布倫瑞克式或勒溫式的研究轉向完全生態研究。也就是說，在巴克所理解的真正意義上的生態學研究，不是將對象放置在自然環境中就可以了，而是對環境的認識也要生態化，即環境是系統而有序的，與其成員發生著交互作用；與此相應地，研究方法也是生態化的，如描述的、自然的、生態的行爲樣本記錄法、行爲背景調查法。

第三，創立了行爲背景理論，並把它運用於實踐，形成了具體的應用性學說——人員配備理論

（manning theory）。行爲背景不僅是生態心理學的特色概念，而且也形成了一種完整的理論學說，成爲生態心理學的支柱性理論之一，也是巴克對生態心理學重要的理論貢獻之一。而人員配備理論是巴克後期的生態行爲科學的支柱性理論，它實際上是巴克的生態心理學的應用。對於這兩種理論的具體內容，本書第五章將會詳細介紹。

第四，運用自然主義方法研究群體行爲。這是巴克研究的另一個開創性特徵，他也爲生態心理學提供了新的研究途徑或模式。巴克藉由他創造出來的行爲樣本記錄和背景評估等一系列自然主義方法，來研究「大型」群體與環境的交互關係。儘管巴克的導師勒溫是一位著名的社會心理學家，但是他對群體心理的研究手段卻是實驗室方法，由此而建立起來的團體動力學也是用實驗來闡釋「小型」團體的動力關係。

第五，研究方法的創造性。巴克的行爲樣本記錄法和行爲背景調查法已經成爲生態心理學最有代表性的方法之一。這兩種方法是巴克從有別於物理學和化學的描述性科學如生物學、地理學和生態學等學科中借鑒過來的，被他重新改造爲適合心理學研究對象的方法。本書第四章將詳細論述這兩種方法的具體作法。

■詹姆士・吉布森

儘管巴克的研究在當時以實驗室研究爲主要典範的主流心理學背景中，顯得鶴立雞群，不合潮流，但是他並不孤獨，他有著與他分享共同主張和研究成果的並肩作戰的小團隊。幾乎在同一時期，還有一位偉大而孤獨的心理學家試圖做著與巴克類似的工作，身邊的分享者只有他的妻子[17]和助手。儘管他和巴克幾乎沒有聯繫，而且兩人研究領域也不相同，但是他們卻享有共同的研究模式——生態心理學和共同反對的思想——傳統實驗室取向。他就是詹姆士・吉布森（J. J. Gibson, 1904-1979）。

總體來說，吉布森爲生態心理學的研究作了如下一些開創性的工作。

第一，吉布森明確反對傳統二元論。在下文論述吉布森和巴克的研究區別時會進一步論證。

第二，吉布森重新界定了動物和環境的概念，並把心理學的研究對象定位於動物和環境的交互關係之上，把動物和環境的交互作用原則作爲心理學研究的主要原則。第四章將會進一步論述。

第三，吉布森提出了與傳統心理學完全對立的知覺理論——直接知覺理論。具體內容在第五章會論述。

第四，吉布森創造了一系列概念，如知覺系統、光學排列、（環境的）可獲得性，以及動物和環境的交互性等概念用來重新建構心理學的理論。

第五，吉布森運用了具有生態效度的實驗方法[18]。在實驗中他提倡生態心理學的作法：他主張在無任何限制或束縛的被試者身上作實驗，讓被試者能夠在完成他們自己的目的時，獲得他們自己的訊息。他認爲對人類知覺或行爲的現實性進行評估時，被試者的行爲不應該受到限制。他提倡研究主動的被試者怎樣理解他們的環境。

巴克和吉布森作爲生態心理學的兩個創立者，有著共同的理論主張和研究取向。他們共同的理論主張是第四章的重點討論問題，這裏就不贅述了。不過他們的研究畢竟是兩個平行進行的研究，他們之間存在著如下幾個方面的差異。

第一，與巴克研究社會心理學和兒童發展心理學不同，吉布森的主要領域是知覺心理學。

第二，兩人在反對傳統心理學的哲學基礎——二元論的水準不一樣，這是巴克與吉布森之間的一個主要區別。吉布森是自覺的，而巴克是不自覺的。吉布森對在心理學研究中解決哲學問題有著濃厚的興趣，並且他在心理學研究中，逐漸發現傳統知覺理論的問題主要是來自認識論的錯誤。因此有了將心理學的研究和哲學問題結合的思想。因為這種認識，他將餘生都獻給了推翻建立在舊的二元認識論基礎之上的心理學假設即感覺主義，進而推翻建立在感覺主義假設基礎之上的整個心理學理論大廈，重建整個心理學體系的這項宏偉的事業。而巴克對傳統心理學的二元論的反對，來自他在生態學研究中發現的問題，本書認為他的研究是與傳統二元認識論對立的，主要是從他的生態學主張推論出的。他自己還沒有上升到自覺地從變革心理學的哲學基礎開始，來推翻整個心理學大廈的理論高度，或者從另一個角度來說，巴克在堅持生態心理學上不像吉布森那樣激進。正是從這個意義上，我們說巴克對生態學的運用更傾向於研究模式和研究方法上，而吉布森對生態學的運用不僅是研究模式和方法上，而且還是解釋學和方法論上，即他不僅把生態學作為一種研究心理現象的方法，還把它作為一種解釋心理現象的方法。

第三，他們的研究層次也不一樣。赫夫特把吉布森的研究稱之為「水準內」（within-level）研究，關注知覺者—環境交互性的生態水準內的知覺，這時的環境和知覺者都處於同一個水準上；而把巴克的研究稱之爲「水準間」(between-level)的研究，關注更高一級水準(行爲背景)是如何對這個水準的成員(居住者的行爲)控制的，這時環境和行爲者是處於交互作用的不同水準上[19]。赫夫特只是對他們的研究作了這樣的區分，沒有提出爲什麼他們會有如此的差異。他們差異的原因是：巴克對行爲與環境交互關係的認識，是建立在他對群體行爲和個體行爲的比較研究基礎之上。他發現群體間行爲差異小於個體的不同背景下的行爲差異，因此將關注的目標轉向群體行爲和環境的交互關係，藉由研究行爲背景中突出的行爲模式，從而達到對行爲的預測和調控；而吉布森研究的問題是知覺現象，從研究層次上說，是更基本更具有普遍性的問題。另一個深層原因是上面提到的，吉布森想要從知覺的研究中回答一些心理學的元理論問題，例如，如何解釋被知覺的東西爲什麼會是這樣的呢？這已經涉及到心身關係問題的考察。因而吉布森把個體和環境都放在同一個水準上來考察知覺現象。

第四，採用的具體研究方法類型也不同。上文介紹過巴克的研究方法更傾向於描述性科學的方法，吉布森不像巴克完全否定實驗法，而是對傳統實驗法加以生態學的改造，使它成爲具有生態效度的實驗法，這種注重生態效度的實驗法也是他所使用的主要方法。具體例證如，他爲證實直接知覺理論而設計的結構密度級差實驗[20]。但是吉布森的這種實驗法已經脫離了傳統實驗法的生存土壤，這種實驗資料來源於現實生活，這種實驗目的也是爲了證實對現實心理現象所作的假設。如今在實驗心理學中被普遍承認的準實驗設計和現場實驗設計都是此類方法。另外，吉布森更注重從方法論角度反對傳統方法論，例如他反對傳統方法論的還原主義和機械論。這一點還是與他從哲學與心理學相互結合的觀點來看問題相關的。

吉布森和巴克的思想的這些差異是相輔相成的，他們的這些差異也是他們對生態心理學的貢獻的差異。正是這些差異的存在，使得生態心理學在理論基礎、研究內容、研究方法顯得更加豐富而多樣，爲後繼者提供了廣闊的發展空間，才有可能使得生態心理學在心理學的廣闊空間中繼續發展下去。

三、發展（一九七〇至一九八〇）

儘管巴克和吉布森的研究有差異，但是他們的研究也有共性，他們在各自的領域中將生態心理學的總體研究原則確立了起來：在動物和環境交互性的生態關係中研究心理現象和行爲，將環境的研究放在與動物（人）研究的同等地位上；對環境和動物（人）或行爲進行了重新定義，並且發明了一系列適用於這種生態心理學研究的方法。這種方法論的新主張與對環境和動物（人）的新看法，得到了布朗芬布倫納和奈瑟的認同，並被他們運用於自己的研究中。但是他們並非對巴克和吉布森的所有觀點都全然接受，也提出了自己的獨特看法，這爲生態心理學開闊了道路，使得生態心理學在心理學研究中具有更加廣泛的適用性和應用前景，爲生態心理學在一九八〇年代之後的繁榮發展鋪平了道路，成爲推廣生態心理學不可或缺的人物。

■烏列・布朗芬布倫納

布朗芬布倫納（Urie Bronfenbrenner, 1917-　）自

一九七〇年代開始，在發展社會心理學中倡導生態心理學，他的研究在一九七九年的《人類發展的生態學》一書中達到頂峰。布朗芬布倫納所倡導的生態心理學的目的是：將具有生命力的生態心理學發展成一種人類發展和在社會計畫和政策中運用的重要的新取向。

布朗芬布倫納在生態心理學上所作出的理論貢獻主要有以下三個方面：

第一，提出了多元系統的理論模式。這也是他最重要的理論貢獻。他運用交互性原則對社會環境作了深入的理論研究，從而形成了獨具特色的多元系統理論模式。這也是他對巴克的行爲背景理論的發展。他將巴克關於環境和成員之間的嵌套關係的思想，用一個層級化的多元系統譜表現了出來。這個系統譜有四層系統，從小到大分別是微系統、中系統、外系統和宏系統，每一個層次（或水準）的系統都與上級和下級系統相互包含、交互作用。這種模式，將直接經驗的微系統放在了由兩個或更多的微系統組成的中系統中，按照次序，又嵌套在非直接的社會聯繫的外系統之中；每一個水準的系統又嵌套在社會文化的風俗、價值和成規的宏系統中。例如，對於一個上學的兒童來說，中系統包含家庭、學校熟人和鄰里這些微系統之間的交互作用。布朗芬布倫納認爲中系統是一個合併微系統的系統。外系統將中系統延伸到包括其他特定的社會結構，包括正式的社會網絡（如鄰里關係、大眾媒體、政府機構、公共交通服務）和非正式的社會網絡（如橋牌俱樂部或宴會）。宏系統指文化或亞文化的橫跨機構的模式，其他系統是它的具體展現。宏系統擔任著給特定的更低級系統傳遞訊息以及給意識形態賦予意義與動機的任務。

第二，布朗芬布倫納另一個重要主張是對生態實驗的提倡。布朗芬布倫納認爲生態實驗的基本目的，不是測試已設定好的假設，而是發現和探索人類環境的相互關係。儘管布朗芬布倫納的這種實驗法是具有生態效度的，但是他對實驗法的倡導也成爲他與巴克最大的分歧。不過，他同意巴克認爲心理學中的許多實驗研究在範圍上是有局限的，而且包含著「陌生的、人爲的和短期的情況」。儘管如此，他仍然認爲實驗方法在生態研究中可占一席之地，並提出一種自然主義研究和實驗研究相結合的觀點。他借用生態學這個術語是出於某種不同於巴克的目的：「一種生態實驗是一種藉由兩個或更多環境系統或它們的結構成分之間的系統的對照，來研究發展著的人類有機體及其環境之間的漸進融合，其具體作法是用隨機任務（人爲）實驗或匹配（自然實驗）來控制資料或影響。」[21]

第三，布朗芬布倫納倡導建立一門「人類發展生態學」新學科。布朗芬布倫納爲了貫徹他的生態學主張，他打算建立一門新的學科——人類發展生態學，這門新學科「處於與社會中的個體進化有關的生物學、心理學和社會科學的會合點」[22]。這門學科的主要目標是爲心理學的理論整合提供一種分析基礎，這種理論整合是關於人類發展的各種環境的結構和過程的相互聯繫的現有和未來研究成果的整合，而這些環境在整個人類生命中塑造人類發展過程。

布朗芬布倫納的研究並不是要完全拋棄傳統取向而代之以新的取向，而是將它鬆綁，以使它包含一種擴大化的生態學研究。這一點與前面兩位生態心理學確立者的觀點有很大的差異，巴克在批判實驗室研究模式上是把實驗方法一起拋棄，但繼承巴克思想的布朗芬布倫納將它進行了生態學改造後再放回研究中來。吉布森在批判二元論的傳統理論模式，把心理的內部機制一起否定掉，繼承吉布森思想的奈瑟在倡導研究自然認知現象時，認爲傳統的研究和生態學研究是互補的。因此根據他們對傳統的批判程度，我們可以將巴克和吉布森視爲生態心理學的激進派，而把布朗芬布倫納和下文要討論的奈瑟視爲生態心理學的溫和派。也許正是這種區別，我們發現布朗芬布倫納的思想更被人接受，被他溫和而包容性的主張吸引的不只是心理學領域的人，格洛索普（R. G. Glossop）等人就認爲布朗芬布倫納的理論、概念和方法論的折衷主義允許一百多種智能之花盛開[23]。而吉布森由於他過於激進的理論主張，使得他的理論一度遭受冷落，他的理論復興歸功於奈瑟。

■烏爾里克·奈瑟

奈瑟（Ulric Neisser, 1928-　）是現代認知心理學的開山始祖之一。但正是這位現代認知心理學的創始人，於一九六八年在康乃爾大學受到吉布森的影響，開始修改他在《認知心理學》中所採用的傳統觀點[24]，他用吉布森的觀點重新解釋「訊息」：訊息是存在於光線中的，換言之，訊息是外在於有機體的。一九七六年，他的《認知與現實》一書出版，在這本書中，他明確倡導生態心理學的認知研究，強調外在於實驗室的世界。他批評了主流認知心理學缺乏生態效度，而過於狹隘地關注內部過程；過分重視知覺者而忽視環境的豐富內容。他認爲知覺像進化一樣，包含著對環境的適應。

正是由於奈瑟的這種轉變以及他對生態心理學的大力倡導，也由於他在現代認知心理學中的重要地位，遭受冷遇的吉布森的生態心理學開始得到人們的關注，而且在奈瑟倡導下，生態學研究取向在認知心理學得到更大的發展，乃至被國內學者認爲是現代認知心理學中除訊息加工取向、聯結主義取向之外的第三種主要取向[25]。奈瑟對生態心理學的貢獻受到了國外心理學界的普遍承認，赫根漢（B. R. Hergenhahn）在《心理學史導論》中寫道：「一九七六年，奈瑟出版了《認知與現實》一書，在書中，他建議用生態心理學取代訊息加工心理學……奈瑟對認知心理學的新取向有非常大的影響力……」[26]，這裏的新取向就是指生態心理學。

奈瑟究竟作了哪些重要的工作，使得吉布森的理論在認知心理學中受到重視，並引領生態心理學在認知心理學中廣泛發展呢？這些重要的工作本身就是他對生態心理學的貢獻。從總體上來說，一方面，奈瑟在各種認知領域帶頭並組織其他人用吉布森開創的生態心理學來研究認知問題；另一方面，他在研究中不斷總結和發展生態心理學在認知心理學中的運用，使得生態心理學在認知心理學領域從內涵和外延都得到不同程度的發展。從內涵來說，他使得生態心理學從與傳統心理學的極端對立關係轉變爲兩者互補的關係，從而拓寬了生態心理學在心理學中的應用範圍；從外延來說，他在生態心理學研究基地人員招收上不囿於心理學學者，還有跨學科的人員，這樣在解釋生態學的認知研究時，能夠提供更爲寬泛的理論背景和工具，也使得心理學的生態學研究思想和成果推廣到學科之外。這不是說吉布森的生態學思想是狹隘的。儘管吉布森本人對學科間的思想是開放的，但是僅止於他發展個人的生態學思想，而奈瑟是藉由吸納學科外人員直接參與生態學研究，這種作法使得生態心理學直接吸收了學科外的思想。

下面我們選擇主要幾項來闡述他對生態心理學的貢獻。

第一，他將生態心理學用於記憶、概念分類和概念發展、自我認知與智力等多種認知主題的研究上，使得生態心理學在研究範圍得到了拓展，爲生態心理學在具體研究中積累了豐富的素材。本書在第五章中會詳細介紹這些方面的研究。

第二，他在認知科學和其他相關領域積極推廣生態心理學，爲此策劃了一個具有深遠影響的課程計畫。一九八三年，在他的號召下，成立了「伊莫瑞認知課程計畫」(Emory Cognition Project)，在這計畫的贊助下，主持召開一系列的認知心理學的不同主題的研討會，主題涉及記憶及其發展、概念分類及其發展、語言發展和自我等認知的不同方面。每次研討會的中心都是認知生態心理學關注的問題。有八次研討會結集出版成書。有一批研究生受益於這些研討會。而且除了認知心理學家之外，參與的人員還包括人類學家、文學家、精神分析學家、語言學家和哲學家，這就使得認知的生態學研究有了一個廣泛的背景。另外，在這個計畫中，奈瑟特別推崇認知和發展的聯合研究。這些都表明，這個計畫形成的組織成爲當時認知生態心理學的一個核心組織和研究中心，也成爲奈瑟在認知科學領域和其他領域內推廣由吉布森開創的認知生態心理學的策源地，同時也是生態心理學吸收新鮮營養擴展自己力量的根據地。

第三，他對認知生態心理學做了全面的歷史總結。奈瑟在一九八五年〈走向一種生態學取向的認知科學〉和一九九六年〈認知科學的未來：一種生態學的分析〉兩篇文章中，分別對這兩個時間以前的生態心理學研究進行了總結和歸納，並系統闡述了生態心理學作爲認知科學的方法論的主要思想，以及分主題總結了認知科學的生態心理學研究的已有成果。這種在不同階段對生態學的總結和反省，在生態心理學發展和運用過程中是必要的。它有助於釐清人們對生態心理學的混亂而模糊的認識，從而更好地指導研究；而且也是生態學思想再詮釋和進一步發展的過程。

第四，他將生態心理學放在了訊息加工取向占主導地位、神經科學迅速發展、人本主義和後現代主義對認知科學猛烈批評的時代背景中橫向分析，確立了生態心理學在現代認知心理學研究中的戰略地位。

從以上對生態心理學的幾位重要人物的研究，我們看到他們的思想既有共性又有差異性，他們的共性主要體現在總體主張上，而差異性主要體現在研究領域和研究方法等具體主張上，這種差異性並沒有消解他們之間的共性，反而體現了生態心理學總體主張的包容性和廣泛的適用性，增強了生態心理學在心理學發展史上的生命力。例如，他們對實驗方法的看法就存在不一致的地方，吉布森、布朗芬布倫納和奈瑟都強調對實驗方法進行生態學的改造，而巴克則完全排斥實驗方法，他認爲心理學還處於從日常生活中積累資料的階段，故而適合的方法是描述性的，而不是實驗性的。而布朗芬布倫納和奈瑟則要替實驗方法鬆綁，將自然主義方法和實驗方法結合起來。自然主義方法和實驗方法相互配合，前者蒐集原始資料，後者驗證資料，並把資料放在自然背景中進行解釋。從而使得生態學的多元方法的主張成爲生態心理學在方法論上的一大原則，並在實際研究中得到貫徹。同樣都是對傳統的反對，但是個人的側重點卻不一樣，因而導致了在生態心理學主張上的程度差異，我們據此將他們分爲兩派：激進派和溫和派，前者以吉布森爲代表，次之者爲巴克，後者以布朗芬布倫納和奈瑟爲代表。激進派完全排斥傳統二元心理學，而溫和派認爲生態心理學和傳統取向是互補的，在有些地方生態心理學還可以改造和修正傳統取向。由激進派演化爲溫和派，其實也是一個取向發展的普遍趨勢，一開始建立的時候，它要從舊傳統的束縛中掙脫並獨立出來，所以表現得非常激烈，正如歷史上的許多學派，一開始都非常激進甚至可以說是偏激，例如行爲主義的激進派華生（J. Waston），否定一切意識的東西，並把所有的心理現象都用操作來定義，因此遭到了猛烈的批評；但是後來，經過新行爲主義和新新行爲主義吸收其他學派的批評和積累新的證據來改造和鞏固自身，現在仍然在很多領域應用；相反的，如果一個取向繼續盲目地往激進的地方走，只會導致消亡，例如心理學史上的構造主義。這也是學科發展的辯證規律。生態心理學必然也要在不同的歷史階段中，不斷接受驗證和吸取新時代背景下的新成果，才能健康發展。

四、繁榮（一九八〇至今）

生態心理學經歷了萌芽、確立和發展之後，到了一九八〇年代，出現了一個相對繁榮的小高潮現象。「國際生態心理學會」於一九八一年秋成立。《生態心理學》雜誌也於一九八九年創刊，美國幾所著名大學也建立了生態心理學系和其他相關組織。參與的人員以及研究的成果都迅速增加。並且生態心理學和傳統心理學取向之間出現了進一步相互融合的現象：生態心理學研究爲實驗取向研究提供研究任務和第一手研究資料，實驗研究爲生態心理學研究的任務和理論假設提供實驗證明和支持，換句話說，研究人員首先採用生態心理學的研究策略確定研究任務和研究資料，然後再採用實驗研究策略進行實驗證明。傳統實驗心理學的課本中，出現了生態心理學的實驗設計方法以及生態心理學的研究成果。在這個階段的生態心理學發展的另外一個突出特點是：交叉的心理學領域對它的應用。從生態心理學萌芽到發展階段，它也一直是處於心理學一兩個領域的交叉處發展，除了吉布森已經去世，另外幾個人都表現不同程度的跨領域的研究傾向，這可能和生態心理學的整體主義研究原則和具有現實性的研究對象有關，生態心理學傾向於從整體系統的角度來考慮現實生活中的心理學問題。而在真實環境中發生的心理現象和行爲是整體聯繫著的，單從一個角度來研究一個方面的模式，已經不適合這種研究對象的要求和特徵。因此在這一階段，隨著新的交叉領域的不斷出現，生態心理學更加明顯地表現出在這些新領域的廣泛運用。從研究領域上來說，生態心理學的研究取得了以下幾個方面的進展。

(一)在認知和認知發展心理學領域的進展

蓋爾芬德（H. Gelfand）在一九八五年曾經指出：「要說服你自己相信自然主義現象的研究反映了近來

的趨勢，只要拿近來的雜誌上這樣的研究報告的刊登率，與一九七〇年代或一九六〇年代同樣雜誌上的對比就可以了」[27]。言下之意就是說一九八〇年代的自然主義研究比一九六〇、一九七〇年代多得多，反映了生態心理學的研究在心理學中的影響力越來越大。在一九八〇年代中期之前，由吉布森開創的、奈瑟大力推廣的生態心理學只是在知覺（吉布森）、概念〔羅施（E. Rosch）〕和記憶（奈瑟）三個方面有些研究，一九八〇年代早期以來，由於奈瑟的「伊莫瑞認知課程計畫」實施，使得生態心理學在認知心理學和認知發展心理學的研究，如雨後春筍一般蓬勃發展。一九九七年之後，生態心理學的認知研究在知覺發展和其他認知發展的跨領域研究上進一步發展[28]。這也可以反映奈瑟對認知心理學的深遠影響，當初他在實施「伊莫瑞認知課程計畫」時，就提倡並非常鼓勵認知發展方向上的研究。認知發展的研究已經成爲當今心理學的一個熱點研究。除了認知發展的蓬勃發展，近幾年來又出現一些新的理論嘗試，例如，托馬塞洛（1999）的認知文化生態學（cultural ecology）觀點，他用維果茨基的思想來發展吉布森的生態心理學理論。

(二)在發展社會心理學領域的發展

巴克和布朗芬布倫納在這個領域的生態心理學研究，不僅改變了這個領域的傳統研究模式，即用簡單的人爲的實驗室情境研究孤立的兒童心理發展現象，而且還證明了如下事實：人類的真實生活條件對人類的發展有著重要的影響，並且奠定了發展社會心理學在生態心理學研究上的整個基調：在人類生活的直接情境例如家庭、學校、同輩群體、工作場所等等中發生的發展過程，受到這些情境所體現的更加廣泛的背景中的條件和事件的深刻影響。這種認識激發了很多不同研究背景的人參與到這個研究模式中來，在各種研究主題中實踐著這種思想。這些研究主題涉及：兒童發展、家庭生態學研究、青少年未婚生育問題研究、社區干預計畫對當事人的影響，甚至是政治和實踐的生態學研究等等。這個時期多半表現爲發展問題的生態學取向的實踐研究，當然也有利用已有的研究資料和結果，遵循巴克和布朗芬布倫納的理論框架進行更細緻的理論分析。

另外，值得一提的是，我國最早對生態心理學研究的關注，就是在兒童發展領域中出現的[29]。

(三)在其他交叉心理學分支領域的應用

一九八〇年代，動物學習的生態學研究——一種介於習性學和比較心理學的研究，取得了豐富的成果。習性學技術提供一種對生態背景中發生的動物行爲的描述，以便心理學家能夠分析決定行爲發生的機制。而且動物行爲的生態學研究一經確立就發展得非常迅速，被奈瑟稱之爲一九八〇年代最重要的運動[30]。

一九九〇年代，科爾（M. Cole）提出了一種生態文化理論。「科爾由社會歷史學派的立場出發，以生態文化模式（ecoculture model）來分析文化如何塑造心理運作：認爲不同文化中介（如印刷字體）改變人的心理條件，誘發了不同的生物結構；由於不同的歷史的、遺傳的積累，以及不同的生態環境，人不只對世界有不同的主觀建構，人的生物結構也因而被（文化）所塑造。」[31]這種理論反映出生態學取向向文化心理學的滲透和發展。

在生態心理學的研究大潮中，一種在心理學邊緣興起的研究值得關注。它就是一九九〇年代由心理學家羅札卡在《地球的吶喊：生態學心理學的探索》一書中所倡導的，對環境危機和心理健康、人類和地球的可持續發展之間關係的探討。在這一方面作出有益貢獻的，還有溫特和霍華德。在第一章我們曾經說過他們的研究性質是屬於心理學理論的應用。

到此爲止，我們可以對生態心理學歷史發展作一個簡短的歸納：在萌芽階段，勒溫和布倫瑞克開始提出要關注傳統心理學研究對象的背景或環境，要將環境的研究納入心理學的研究之中，但是他們對環境的看法與確立階段的巴克和吉布森有所區別，並且還沒有突破心理學原有研究模式的局限性；在確立階段，巴克和吉布森完全推翻了傳統主流心理學的二元論和建立在這種基礎上的研究模式和研究理論，將行爲或心理現象和環境的交互性作爲研究的對象，且對環境和動物進行了完全不同於傳統的界定；並且倡導與這種新的研究對象相應的研究模式和研究方法：如自然主義研究方法和具有生態效度的生態實驗法。在發展階段，布朗芬布倫納和奈瑟響應了這種新的取向，並且在各自的領域中進一步倡導生態心理學，但是他們意識到了巴克和吉布森兩人對傳統過激的批評，在自己的研究中，力求將傳統心理學的有益成分吸納到生態心理學研究框架中來，或者說模糊了生態心理學和傳統研究取向之間涇渭分明的界限，使得生態心理學在現階段的發展以主流心理學的補充身分出現，但同時也爲生態心理學在心理學研究中的推廣應用，提供了更加具有包容性的思路。在繁榮階段，生態心理學幾乎成爲心理學界各個領域的一種普遍趨勢，而且在各個領域中已經取得豐碩的成果。

註 釋

[1]A. W. Wicker, *An Introduction to Ecological Psychology*, NY: Cambridge University Press, 1979, pp.2-3.

[2]A.W. Wicker, *An Introduction to Ecological Psychology*, NY: Cambridge University Press, 1979, p.3.

[3]A. R. Pence, *Ecological Research with Children and Families: From Concepts to Methodology*, New York: Teachers College, Columbia University, 1988, p.xv.

[4]A.W. Wicker, *An Introduction to Ecological Psychology*, NY: Cambridge University Press, 1979, p.3.

[5]K. M. J. Lagerspetz & P. Niemi, *Psychology in the 1990's*, North-Holland: Elsevier Science Publishers, 1984, pp.383-398.

[6]成就指複雜的、長效的和已發展的行為模式。它包括在個體身上可以發現或分散在某個文化群體中的已建立的和共同的行為模式。

[7]H. Heft, *Ecological Psychology in Context: James Gibson, Roger Barker, and the Legacy of William James's Radical Empiricism*, Mahwah NJ: Lawrence Erlbaum Associates, Inc., 2001, p.228.

[8]K. R. Hammond, "Probalistic functionalism: Egon Brunswik's integration of the history, theory, and method of psychology", In K.R. Hammond, *The Psychological of Egon Brunswik*, New York: Holt, Rinehart & Winston, 1966, pp.15-80.

[9]E. Brunswik, *Systematic and Reprentative Design of Psychological Experiments*, Berkeley and Los Angeles: University of California Press, 1949.

[10]M. H. Marx & W. A. Hillix, *Systems and Theories in Psychology*, U.S.A: McGraw-Hill, Inc., 1979, p.335.

[11]陳利君，譚千保，〈論心理學研究的生態效度〉，湘潭：《湘潭師範學院學報》（自然科學版），2002年第2期，第101-104頁。

[12]亞瑟・S.・雷伯著，李伯黍譯，《心理學詞典》，上海：上海譯文出版社，1996年，第257頁。

[13]U. Neisser, "Toward an ecologically oriented congitive science", In T. M.Shlechter & M. P. Toglia(eds.), *New Directions in Cognitive Science*, Norwood: Ablex Publishing Corporation, 1985, p.19.

[14]陳利君、譚千保，〈論心理學研究的生態效度〉，湘潭：《湘潭師範學院學報》（自然科學版），2002年第2期，第101-104頁。

[15]J. F. Wohlwill, "The environment is not in the head!", In W. F. E. Preiser, *Environmental Design Research*, Stroudsberg, PA: Dowden, Hutchinson, & Ross, 1973, Vol1, pp.166-181.

[16]R. G. Barker, *Ecological Psychology: Concepts and Methods for Studying the Environment of Human Behavior*, Stanford, CA, Standford University Press, 1968, p168.

[17]他的妻子埃莉諾・吉布森，是在兒童心理學領域中倡導生態心理學的先驅，這與她丈夫的生態學主張密不可分。

[18]其具體實例是結構密度級差實驗，詳見王甦、汪安聖，《認知心理學》，北京：北京大學出版社，1992 年，第 37 頁。

[19]H. Heft, *Ecological Psychology in Context: James Gibson, Roger Barker, and the Legacy of William James's Radical Empiricism*, Mahwah NJ: Lawrence Erlbaum Assicates, Inc., 2001, p.281-282.

[20]王甦、汪安聖，《認知心理學》，北京：北京大學出版社，1992 年，第 37 頁。

[21]U. Bronfenbrenner, "Toward an experimental ecology of human development", U.S.: *American Psychologist*, 1977, 32, pp.513-531.

[22]U. Bronfenbrenner, *The Ecology of Human Development: Experiments by Nature and Design*, Cambridge: Harvard University Press, 1979, p.13.

[23]A. R. Pence, *Ecological Research with Children and Families: From Concepts to Methodology*, N.Y: Teachers college Press, 1988, pp.xxi-xxii.

[24]B. J. Baars, *The Cognitive Revolution in Psychology*, New York: Guilford Press, 1986, p.279.

[25]賈林祥，《認知心理學的聯結主義理論研究》，南京：南京師範大學，2002 年，索取號：B842.1/10.113。

[26]B. R. 赫根漢著，郭本禹等譯，《心理學史導論》（第四版），上海：華東師範大學出版社，2004 年，第 918 頁。

[27]H. Gelfand, "The interface between laboratory and naturalistic cognition", In T. M. Shlechter & M. P. Toglia, *New Directions*

in Cognitive Science, Norwood: Ablex Publishing Corporation, 1985, p.277.

[28]E. Winograd, *Ecological Approaches to Cognition Essays in Honor of Ulric Neisser*, London: Lawrence Erlbaum Associates, 1999.

[29]參見朱智賢，《朱智賢全集》第六卷，〈兒童心理學史〉，第三編，北京：北京師範大學出版社，2002 年。

[30]U. Neisser, "Toward an ecologically oriented cognitive science", In Theodore M. Shlechter & M. P. Toglia(eds.), *New Directions in Cognitive Science*, Norwood: Ablex Publishing Corporation , 1985, p.19.

[31]余安邦，〈文化心理學的歷史發展與研究進路：兼論其與心態史學的關係〉，臺灣：《本土心理學研究》，1996 年第 6 期，第 13 頁。

第三章
生態心理學之背景

上一章我們以生態心理學的縱向發展爲線索，探討了生態心理學在前幾個階段的主要人物那裏是如何得到發展的，以及後一個階段的繁榮狀況。我們看到幾位主要代表人物都有著同樣的基本主張，爲什麼幾乎是在同一時期會出現大體相同的主張，他們爲什麼都或多或少地反對傳統心理學研究？這就需要我們從個人的框架中抽身出來，對影響他們的整個時代思想背景，以及共同理論主張的共同理論淵源，進行深入分析。

一、實用主義之氛圍

生態心理學的形成背景大約是在一九四〇年代

到一九六○年代的美國。在這個時期之前的美國學術界，起著領頭作用的是實用主義思想。到了一九四○至一九五○年代，它的主導地位被邏輯實證主義代替，但是，作爲一種代表美國生活方式的哲學，它在美國各個領域仍然起著潛在的指導作用。一九五○年代末，取得統治地位的邏輯實證主義已開始暴露出其教條、學究氣、狹隘等弱點。一九六○、一九七○年代以後，實用主義在羅蒂（R. Porty）等人的推動下，走向了另一輪繁榮。所以，長期以來，美國整個學術界都有一種很濃厚的實用主義氛圍。在那種氛圍中誕生的生態心理學當然也不例外地受到了很深的影響。

「實用主義強調立足於現實生活，把人的行動、信念、價值當作哲學研究的中心，把獲得『效果』當作最高的目的。其中，行動、實踐在他們的哲學中具有決定性的意義，故又把它稱之爲『實踐哲學』或『行動哲學』。」[1]生態心理學就是一種提倡心理學研究必須立足於現實生活的研究取向，它的整個研究基調與實用主義的精神是完全吻合的。從實用主義的觀點來看，獲得真理不是認識的目的，用羅蒂的話來說，「真理是研究的目的」[2]。也就說，實用主義強調研究的現實性、外部價值即研究的功用性。這種強調研究的現實意義的精神反映在生態心理學研究的整個發展過程。生態心理學的一個重要特徵就是注重心理對環境的適應機能，在心理或行爲發生的真實環境中研究它們。這種對心理學功用的強調，正是爲了彌補實證主義心理學追求純粹科學真理以致遺忘了心理學的實用價值的缺陷。生態心理學也承認心理學的科學價值，但是它認爲科學價值與實用價值是結合在一起的，這種對心理現象的準確認識能使心理學研究更好地應用於現實生活，而這種應用於現實生活的科學知識才真正具有生命力，也才不會被歷史淘汰。構造主義爲什麼會在心理學的歷史舞台消失，其原因就是太過於追求所謂純粹的科學價值。對科學價值和實用價值結合的強調，就是在生態心理學中會出現實驗研究和自然主義研究結合的現象的原因之一，實驗研究是爲了保證研究的科學價值，而自然主義研究是爲了保證研究的實用價值。下面我們來看看生態心理學家是如何在他們的思想中貫穿這種實用主義精神的。

生態心理學思想的最早倡導人之一布倫瑞克是一位倡導生態心理學的機能主義者。實用主義的倡導者詹姆士本人就是心理學機能主義學派的思想奠基人，所以說機能主義心理學的整個觀點就是建立在實用主義哲學基礎之上，而布倫瑞克這位介於機能主義和生態心理學之間的心理學家的思想，也是深受實用主義精神的影響，他的機能主義心理學處處折射出這種影響的影子。

吉布森的老師霍爾特（E. Holt）是實用主義的創始人詹姆士的學生，吉布森不可避免地藉由霍爾特受到實用主義的影響。「吉布森受到了二十世紀早期兩種最激進的智力運動的影響，一個是美國的和實在論的，一個是歐洲的和唯心論的。」[3]前者指的就是實用主義，後者指的是現象學。實用主義對吉布森的影響之深，我們可以從以下這段話窺見一斑：「在一九三○年，吉布森贊成行爲主義的學習理論，他還認爲思維和其他心理過程不能認爲是純的行爲，因爲心理過程至少部分來源於經驗。有意義的事情既是主觀的又是客觀的。人類行爲被來源於個體外部的價值所激發，像食物與性一樣基本，像自由一樣抽象。在後來四十年的研究中，吉布森都在分析外部價值的含義。在他後來的理論中有著重要作用的可獲得性理論，與這種早期對引發人類行爲的客觀價值的理解有著淵源。」[4]

正是實用主義精神引導生態心理學往現實生活

的心理學方向上發展。

二、進化論革命之影響

進化論引發的智力革命轉變了生命科學對自然世界的看法。生命科學原有看法是將自然描述爲由一系列的物質實體組成的靜態鏈條，最高點是精神實體，而人類這種精神和物質的混合物處於鏈條的中間位置。進化論帶來的觀點是，自然世界是自然實體在相互依存的網絡中共同進化的動態領域。自然實體的結構和功能特徵以及共享的相互依存性，反映了它們正在進行的相互影響的歷史。這種觀點包含著一種生態學取向，成爲現代生命科學的中心。進化論對心理學的影響最早是藉由斯賓塞（H. Spencer）實現的。斯賓塞是進化聯想主義心理學的創始人，他「用生物進化的觀點解釋心理現象的本質，將研究重心從機器構造的有機體轉移到有機體同環境適應的關係」，並且認爲心理學的研究對象「既不是內部現象間的相互關係，也不是外部現象間的相互關係，而是這兩種相互關係間的相互關係」[5]。而生態心理學把心理學的研究對象恰恰也是定位於斯賓塞所說的最後一種相互關係上。從這裏，我們可以看出生態心理學與進化論思想的淵源關係。進化論對生態心理學的影響主要是藉由兩種途徑實現的，一種是藉由機能主義心理學影響生態心理學家的；另一種是藉由生態學影響著生態心理學家。進化論的思想使得倡導生態學取向的心理學家重新定義了環境、動物以及環境和動物的關係，並且把心理學的研究對象轉向這兩者的交互關係上。巴克的行爲背景理論就是關於環境和有機體行爲之間關係的學說。吉布森認爲動物是一個處於世界中的存在（being-in-a-world），而環境是動物的世界（world-of-animals）。動物和環境在功能上和在結構上都相互聯繫著。動物和環境都是有組織的整體，並且都由許多類型的變化或過程賦予其特徵。由於進化的適應功能，一種動物的結構和能力與環境的結構和能力組成「一個不可分的對子」，兩者相互包含著。圍繞著和包含著動物的是物體、表面和中介的環境；並且動物藉由一個中介越過和超越表面，並且藉由使用物體使得它的存在永存。環境被用於爲動物的生活方式提供「可獲得性」來完成動物的目標或目的。

三、人類學研究之啟示

一九二〇年代以後，人類學蓬勃發展。人類學家藉由現場研究所提供的民族志材料，爲心理學提供了非西方背景和非實驗室情境下的素材，使得心理學家開始意識到實驗室研究過於簡單化，心理學的內容和形式都必須在一定的文化背景和具體環境中研究。美國人類學家博厄斯（F. Boas）曾經指出：基本的心理過程深刻地反映著文化對環境的適應[6]。博厄斯的學生米德（M. Mead）關於薩摩亞人的青春期心理的研究[7]，使得心理學家開始清醒地認識到文化對人的心理的深刻影響。心理學不得不正視心理現象的現實性問題。正是包含人類學研究在內的當時整個思想背景，使得心理學在那時開始滋生兩種與心理的現實性研究相關的取向，一種就是生態心理學，另一種就是跨文化心理學取向。

四、生態學運動之演進

生態心理學與生態學的關係可謂是最直接的。生態心理學家直接從生態學那裏借鑒了名稱、思想和方法。生態學在二十世紀成爲一門跨學科的元理論，是心理學家注意到它並在自己領域中加以運用的前提。生態學研究要涉及到極其錯綜複雜的關係，因而在發展過程中，不斷吸收現代科學和其他學科的新成果，從而形成了一套特有的宏觀思維方式及處理複雜事物的方法。

首先，生態學爲生態心理學研究提供了指導原則。整體觀、綜合觀、層次觀、系統觀和進化觀，作爲生態學的總體原則[8]，都已經成爲生態心理學研究的指導原則。其次，生態學還爲生態心理學研究提供了具體方法。生態學的主要方法是野外觀測方法，包括野外考察、定位觀測和實驗室觀察兩大類。在生態心理學產生以前即二十世紀中葉以前，生態學主要是一門描述性科學，因此前者是主要方法。巴克的中西部現場研究站就是典型的野外觀測方法，而且巴克還主張心理學目前處於描述性科學階段，應該用描述性學科的方法來幫助心理學積累豐富的資料[9]。

生態學不僅作爲一門具體的學科影響著生態心理學家，而且當生態學理論、事實、方法論和具體方法爲生物學乃至整個自然科學，甚至哲學、社會科學、人文學科，和文學藝術提供理論、方法論的支持時，它就上升爲一種哲學。「生態學發展到任何自然普遍的相互作用問題的研究層次時，就已經具有了哲學的性質和資格，它已經形成了人們認識世界的理論視野和思維方式，具有了世界觀、道德觀和價值觀的性質。」[10] 這種生態哲學也成爲生態心理學的主要哲學基礎。

這種生態哲學是一種新實在論，卡普拉（K. Capra）說：「這種新的實在觀，在某種意義上是一種生態觀 ，它遠遠超出了對環境保護的直接關心。爲了強調這種更深層的生態意義，哲學家們和科學家們已開始區分『淺層生態學』和『深層生態學』。淺層生態學是爲了『人』的 利益，關心更有效地控制和管理自然環境；而深層生態運動卻已看到，生態平衡要求我們對人在地球生態系統中的角色的認識，來一個深刻的變化。簡言之，它將要求一種新的哲學和宗教基礎。」[11] 這種實在觀可以用生態學術語來表述：「世界是『人—社會—自然』複合生態系統。它是一個活的系統，有生命，有思維，有精神。地球作爲活的系統，有一定的生態結構，可以分爲自然存在、社會存在、精神存在，或者爲自然運動、社會活動、精神活動等等。但是，它們都是複合生態系統過程的一種表現形式，它們是動態的和不可分割的;如果把這種結構分割開來,例如,任何生物同環境分割開來,或者把生物分割成各種器官,那它便不再是生物。同樣把自然存在、社會存在和精神存在完全分割開來,孤立起來,那也是不可理解的,它們是相互聯繫、相互作用、不可分割的整體。」[12]這種思想深深浸潤在生態心理學的整個思想之中。

余謀昌教授認爲生態哲學的重要觀點體現在以下三個方面[13]:

第一,生態哲學的實在論是關係實在論。世界各種事物不是孤立存在的,而是相互聯繫和相互作用的。在生態系統內,生物與環境的關係是相互依賴的。「一切事物與一切事物有關」,這是生態學最重要的規律。

第二,生態哲學也是過程實在論,而且生態過程比生態結構更重要。生態系統同世界上其他事物一樣,是有一定結構的。但是,它的結構和過程是相互關聯的,如果拿結構與過程相比較的話,過程更基本。

第三,生態哲學也是整體論哲學。生態哲學認爲整體是首要的,部分是次要的。卡普拉指出,生態世界觀中始終貫穿著兩個主題之一是「把部分和整體的關係顛倒過來，在笛卡兒（R. Descartes）世界觀中，整體的動力學來自於部分的性質」。現在恰恰相反，部分的性質是由整體的性質決定的。

布朗芬布倫納的多元系統論就是生態哲學思想的最好體現。在他看來，能動的、正在成長的人與其所生活的環境之間進行著漸進的相互的適應過程。在這一過程中，人受到各種情景關係以及情景所處的更大環境的影響，而人類發展生態學就是要對這一過程進行科學研究。這就體現了過程實在論的思想。他認爲，這裏的環境，並非單個的、即時的情景，它既包括這些情景內部的各種影響，也包括來自情景外部更廣闊的環境的影響，由此生態環境可以被看作是拓撲學上套在一起、彼此相連的同心結構，從而把人的發展放在一個宏觀的、多層次的生態系統中加以考察。他把生態環境的結構分爲四個不同層次的系統：微系統、中系統、外系統、宏系統，這四個系統又組成一個有機整體，它們之間的關係又是相互嵌套和遞進的，每一層都包含了下一層，而它本身又動態的包含在上一層之中。這些系統在交互作用的過程中得以不斷進化。因此，對每一個系統的分析，都要放在更高一級的背景和與下一級系統的關係中，才能更好地理解它；對每一個系統以及成員的結構和功能分析，也要保持一種動態進化發展的觀點來看。這種多元系統的思想充分體現了關係實在論和整體實在論的思想。

五、哲學反二元論之路線

儘管現代哲學二元論開始於笛卡兒，但是整個哲學思想史都具有深厚的二元論傳統。可以說，把世界二分化的二分模式與哲學思維的歷史同樣古老。正如哲學家羅蒂所說：「從柏拉圖（Plato）到盧梭（J. Rousseau），從笛卡兒到胡塞爾（E. Husserl），整個西方哲學都設定先有善爾後有惡，先有肯定爾後有否定，先有本質爾後有非本質，先有單一爾後有繁複，先有必然爾後有偶然，先有原本爾後有模仿。這並非是形而上學態度的一面，而是其基本要求，是其最永恆、最深刻、最內在的程序。」[14]

柏拉圖是二元論思想的最早提出者。他把世界分爲可感世界和理念世界。可感世界是暫時的、相對的和不穩定的，理念世界是可感世界背後永恆的、絕對的和穩定的世界。從認識論上說，分爲意見和知識。知識是絕對正確的，而意見則多數是錯誤的。柏拉圖將本質與現象爲一體的世界分割爲二元，把認識上的兩個層次外化爲兩個世界，這就是最早的二元論。

任何事物的存在與發展都是在與矛盾的對立面鬥爭的過程中進行的。二元論也不例外。從柏拉圖的時代開始，就出現了亞理斯多德（Aristotle）對柏拉圖二元論的反對。亞里斯多德在邏輯上區分了認知的心靈（或「主體」）與被認知的「客體」，但是認爲在現實中這兩者是不可分離的。亞里斯多德認爲認知者和被認知者在功能上相互依賴。儘管現實的二元論在整個中世紀和科學革命時期占據統治地位，但是這種二元世界觀卻不斷遭遇各種各樣的哲學和科學運動的挑戰。

笛卡兒體系是現代二元論思想的開始。笛卡兒認爲，所謂實體就是不依賴於任何別的事物而存在的一種事物，心理和物質的關係是獨立存在且彼此互不依賴。笛卡兒將身體放在確定性的物理世界中（因此爲科學生理學的興起鋪平了台階），他倡導一種心理（知覺、觀念、情感）與身體－大腦的二元論，他的心理—身體的二元論是他的心物二元本體論的一個結果。在本體論上，笛卡兒認爲，世界是二元的：存在的本源不是一個，而是兩個。存在物的基礎是兩個互不依賴的本原、兩個不同的實體，即物質實體和精神實體。世界的結構如一台機器， 動物和人也是一台機器，它們由可以分割開來的部件組成，也可以還原爲最基本的部件。這裏反映了笛卡兒的二元論最主要的三大特徵：機械論、元素論和還原論。它主張的世界本體論是：人與自然、思維和物質、心靈與身體之間分離和對立。這種二元論的後面是一種主客二分的對象性的思維方式。正是這種主客二分的思維方式導致了人與自然、技術理性與人文精神、價值與事實的分離和對立。生態心理學激進派想要取代的傳統心理學體系，就是笛卡兒體系的具體演繹。因此，杜威（J. Dewey）認爲「直到笛卡兒體系的殘餘完全從心理學理論中驅除出去，心理過程的解釋才不會繼續保有不可解決的問題，如心理與身體關係問題」[15]。

由十七世紀笛卡兒開創的現代二元論思想，在十八世紀牛頓（I. Newton）物理學中得到了充分的發展。笛卡兒和牛頓的二元論和機械論的結合構成現代科學的主流思想。牛頓把物質、時空、運動都視爲絕對的、機械的。十八世紀，很多觀念趨向反對牛頓的機械論。德國哲學家萊布尼茨（G. Leibniz）、康德（I. Kant）、黑格爾（G. Hegel）都認爲心理是一種活動而不是一種被分離的物體；三個人從不同的方式上強調關係的重要性，抨擊絕對的元素和物質。萊布尼茨反對牛頓的機械唯物主義原子論，他用單子論來說明無限宇宙及其種種事物的相互聯繫和普遍和諧的問題。萊布尼茨把時空看成是相關的，對立於牛頓的絕對的時間和空間，宇宙的要素在本質上是轉化的過程，而不是牛頓理論中的無活動的物質。萊布尼茨把時空次序看成是自然要素的本質。萊布尼茨反對因果鏈模式，將它替換成事件固有的關聯性觀念。康德將心理描繪爲一種能力的組織，個體經驗只有在整個心理網絡的背景中才有意義——這裏沒有絕對的心理元素——整體不是部分的串聯。黑格爾企圖將自然的和人類的歷史轉入相互依存的過程中，其中任何事情在本質上都不是靜止的和固有的。黑格爾繼續了開始於萊布尼茨和斯賓諾莎（B. Spinoza）的傳統，相信任何實體的本性在本質上來源於它與整個自然的關係。

到十九世紀末反二元論取得了相當的成績。進化主義反映著一種亞里斯多德的傳統，抨擊了以往幾個世紀分析的、靜態的和片段式的科學和哲學。達爾文（C. Darwin）的生命進化觀挑戰了心理和物質的絕對分離。心靈作爲一種適應物質環境的適應功能而進化著，它不是放在身體「裏面」的某個獨立精神領域。達爾文從生物學的形式上對變化的強調，比任何其他的單個思想，都挑戰靜態的牛頓式的宇宙觀。達爾文的革命引入了這種觀念：心理是一種內在於自然的發展能力，而不是外在於自然的一種固定形式，這樣就瓦解了心物二元論。

十九世紀，作爲科學之圭臬的實證主義，雖然它極力迴避在本體論上關於二元論和反二元論之間的爭論，但是它在認識論中卻繼承了二元論的思維典範，它的客觀主義原則就是最佳反映。這一原則強調認識過程中主體和客體的分離，力求把研究者的主觀性放置在研究的客體之外，以求絕對反映客觀事物的特點，不羼雜個人的態度、情感、信念和價值等主觀因素。其實這種認識論仍然反映了本體論的二元對立思想，即主體的概念和理論與外在客體之間必須有一種一一對應的關係。實證主義把二元論思維推向了高潮，同時也走向了衰退。二元論借助科學技術和實證主義的大力發展，登上了歷史舞台的制高點，這種實證主義的二元論也成爲反二元論思潮批判的中心靶子。實用主義是實證主義的反面。它把實證主義所排除的個體價值和態度放在了研究的中心。在實用主義那裏，行動的性質以及它與思維和認知的關係成爲關注的主要問題，自然科學和人文價值的關係更多地受到重視。羅森塔爾（R. Rosenthal）在概述實用主義哲學最核心的主張時，列舉了十二個主要觀點，其中就包括排斥近代二元論，主張一種真正的經驗主義，奉行多元論[16]。不管是經典實用主義者詹姆士和杜威，還是復興後的實用主義者奎因（W. V. O. Quine）、普特南（H. Putnam）和羅蒂，都爲反二元論作出了貢獻。但是，他們反對二元論的立場頗爲偏激，他們斷然否定了二元論的意義和作用，認爲二元論對任何人類利益無絲毫重要性。本書以爲，這種對二元論的全盤抹殺的批評過於激烈，二元論對人類認識也起過一定的作用，二元思維模式爲我們思考世界提供了一個簡單快捷的分析方式，在歷史上爲人類認識的進步起過作用。但是滯留於簡單二分模式上的分析思考，相對於複雜對象的解釋來說，卻是一種過分的簡化和懶惰。這種簡化固然並不一定導致錯誤命題，卻完全可以像紐勒（O. Nuelle）所說，它作爲一種方法論失誤造成「研究範圍狹小及研究意義的喪失。最終，這些方法論的失誤將堵塞理解的管道」[17]。

現代哲學的反二元論思想不僅止於以上這些，形形形色色的反二元論不斷在歷史中出現，對抗著柏拉圖－笛卡兒－牛頓的二元論傳統。由於與生態心理學的關聯不是很大，這裏就不再一一論述。

哲學上的反二元論思想藉由心理學中的機能主義心理學和格式塔心理學影響到生態心理學家，從而使生態心理學具有了強烈的反二元論的意味。這兩種心理學的反二元論的朦朧意識對生態心理學的影響，我們在下面談到生態心理學的「心理學之淵源」時，會展開論述。

在生態心理學家中，從哲學層面上最明確反二元論的是吉布森，而在研究觀念和模式中透出反二元論精神的是巴克等人。

里德曾經這樣描述吉布森：「吉布森一生的事業是企圖克服這些二元論（客體和主體，公開的和私人的經驗）。他想表明個人經驗的一種有效理論也將是公眾領域的有效理論。到他事業的最後，他已經認爲我們世界的價值和意義對我們所有人都可獲得，至少在原理上。」[18]對於吉布森來說，他四十年來一直認爲心理學家只有研究哲學問題，才能解決哲學問題。「知覺研究者現在應該敢於面對從一開始就困擾知覺研究者的認識論難題，並且形成他們自己的認識論。」[19]

這種認識論的難題就是指二元論與非二元論之爭。吉布森認為，面對這種難題並解決它的最好辦法，就是藉由自己的心理學實踐研究來驗證認識論的假設。這種對認識論的經驗證實的關注，也導致了吉布森一生對本體論問題的思考。吉布森對認識論和本體論上的回答，是藉由他的直接知覺論表現出來。吉布森關於直接知覺是有機體和環境的交互過程中實現的理論，對建立在感覺主義之上的間接知覺論的反對，就是吉布森反二元論的最好證明，也是貫徹「在心理學研究中解決哲學問題」這一思想的體現。

巴克對二元論的反對並沒有吉布森那樣自覺，他的這種思想是從機能主義心理學傳統中吸收過來的，也是由生態學研究中所發現的問題引發的。他的反二元論思想體現在他的具體研究中。例如，他倡導一種從交互關係的角度對環境和行為進行定義的作法，他自己創造出「行為一背景同型體」這一概念來形容二者的交互關係，就是他反二元論的例證。但是由於他不是自覺地反二元論，表明他不是那麼激烈地排斥二元論，因而在巴克的思想中有些許二元論思想殘餘的影響，如他對不干涉觀察被試者的作法的支持，就是客觀主義思想的反映。

布朗芬布倫納的多元系統理論，一方面是運用生態心理學的基本原則——交互作用原則的最好體現，另一方面也間接地反映出他企圖克服二元對立分析的作法，試圖在一種多元系統的體系中來分析環境和其成員之間的複雜關係。

奈瑟接受了吉布森的直接知覺論，在他的研究中不再過於狹隘地關注有機體的內部過程，以及不再過分重視知覺者而忽視環境的豐富內容的作法，都體現了他在具體實踐著反二元論的精神，即不再將研究對象二元地分離開來。

六、心理學之淵源

二元論傳統藉由構造主義在心理學中得到體現和延伸，而反二元論則反映在與構造主義心理學相對立的機能主義心理學和格式塔心理學中，不過在這兩種心理學中，以機能主義的反二元論態度最爲堅定，而格式塔心理學在一定程度上可以推論到二元論的本源中去。

十九世紀末二十世紀初，出現了與起源於笛卡兒傳統心物二元觀的構造主義對立的兩種心理學：機能主義心理學和格式塔心理學。這也是影響生態心理學的兩種主要的心理學思想。

利用達爾文的適應觀念，機能主義心理學發展了一種相似的心理學理論，它認爲心理學研究「機能」：心理活動適應世界的目的是保持有機體的生活。心理是活躍的並且與它的認知對象解不開地關聯著。對於機能主義來說，認知的物件是自然的——本質上是一種亞里斯多德心理學的現代重述。進化理論的觀點，如將生命（包括心理）作爲一種適應環境的過程，將心理與環境動態地聯繫在一起等等，爲生態心理學提供了一種台階。機能主義心理學與生態心理學的淵源，可以從下面這段話中窺見一斑。著名的生態心理學家吉布森，被他的朋友兼同事麥克勞德（R. B. MacLeod）形容爲：「在某種意義上，吉布森是一位前行爲主義（pre-behaviourist）學派中的機能主義者。」[20]

格式塔心理學對構造主義強調絕對的心理元素和元素聯合觀點進行了非常強烈的批評。利用萊布尼茨和黑格爾等人開創的德國反二元論傳統，格式塔心理學提出有組織的形式不能還原爲它的部分。關係的重要性優於將世界分析爲原子論的元素。

機能主義心理學將生態心理學引向了心理和環境動態聯繫的研究上，而格式塔心理學爲生態心理學提供了整體主義的研究思路。我們不能因此就認爲生態心理學是機能主義和格式塔心理學的綜合或大雜燴。生態心理學與它們還是有著區別的。

生態心理學不同於機能主義和達爾文主義的進化論的地方，與環境的概念有著特別聯繫。適應這個術語有著這樣的思想：心理學的和生物學的過程（循序漸進地）符合環境的條件；因此環境具有一種與生命被理解有關的獨立標準的地位。達爾文被解釋爲一個唯物主義者，因爲他將生命和心理的存在和本質歸於環境。對於吉布森等人來說，將環境看作是一種自給自足的本源或已知事物是錯誤的；環境的存在與生命的存在是交互依存的。

我們前面提到，格式塔心理學沒有最終超越二元論。格式塔心理學想要超越建立在二元論基礎上的構造主義，但它實際上又是如何作的呢？眾所周知，格式塔心理學的哲學基礎是現象學，現象學的始祖胡塞爾將世界分爲現象世界和現實世界。格式塔心理學家考夫卡的兩個環境說就是建立在這種分離之上。考夫卡把環境分爲地理環境和行爲環境，地理環境是外界的現實環境，而行爲環境是人們心中意識到的環境，後者才是影響行爲的直接因素。因此格式塔心理學就研究行爲環境。我們知道，在本體論上，它還不得不假定行爲環境後面還有一個地理環境，要不然它就沒有辦法解釋行爲環境的各種關係，其實，這個地理環境對於格式塔心理學來說如同虛設，不過是爲了應付解釋邏輯的需要而已，在真正的研究和解釋過程中，它並沒有起到什麼作用。而生態心理學確立之後的生態心理學家認爲，心理學家應該研究真實的心理和真實的環境，而且兩者的存在是以相互依存爲前提的。例如雖然巴克認同勒溫的這個觀點：個人短暫的行爲是由他們的生活空間決定的，但是更進一步指出：「如果我們希望理解更加直接的……行爲……生態環境的知識是基本的……發展不是一個暫時的現象，而且生活空間的過程只能在包含它的生態環境中被認識。」[21] 從心理學對環境的關注點來說，格式塔心理學把真實環境之前的心理環境看成是決定行爲的主要因素；而生態心理學家巴克雖然認同生活空間或心理環境，但是在實際研究中並沒有去關注它，吉布森比巴克更加激進，認爲只有與人交互作用的真實環境才是研究對象中的一個組成部分，把心理環境從認識論上就根本去除。從研究對象上來說，機能主義和格式塔心理學都偏重於研究心理的機能或活動；而生態心理學研究的是環境和心理的交互作用，生態心理學家認爲環境和心理、統一和分離、永恆和變化都是相互影響的對子，至少在生態水準上，自然是既統一又分離的，既永恆又變化的。

註 釋

[1]車文博，《西方心理學史》，杭州：浙江教育出版社，1998年，第 303 頁。

[2]R. Rorty, *Philosophy and Social Hope*, New York: Penguim, 1999, pp.37-38.

[3]E. S. Reed, *James J. Gibson and the Psychology of Perception*, New Haven: Yale University Press, 1988, p.46.

[4]E. S. Reed, *James J. Gibson and the Psychology of Perception*, New Haven: Yale University Press, 1988, p.46.

[5]轉引自車文博，《西方心理學史》，杭州：浙江教育出版社，1998 年，第 305 頁。

[6]徐碧波，〈心理學的文化背景〉，《湖北大學學報》（哲社版），1991 年第 1 期，第 100-104 頁。

[7]M.・米德，《薩摩亞的成年》，杭州：浙江人民出版社，1984年。

[8]常傑、葛瀅，《生態學》，杭州：浙江大學出版社，2001 年，第 5 頁。

[9]H. Heft, *Ecological Psychology in Context: James Gibson, Roger Barker, and the Legacy of William James's Radical Empiricism*, Mahwah NJ: Lawrence Erlbaum Associates, Inc., 2001, p.247.

[10]畲正榮，《生態智能》，北京：中國社會科學出版社，1996年，第 41 頁。

[11]卡普拉，《轉捩點——科學、社會、興起中的新文化》，北京：中國人民大學出版社，1988年，第309頁。

[12]佘謀昌，〈生態哲學：可持續發展的哲學詮釋〉，濟南：《中國人口·資源與環境》，2001年第3期，第1-5頁。

[13]以下三個觀點都引自：佘謀昌，〈生態哲學：可持續發展的哲學詮釋〉，濟南：《中國人口·資源與環境》，2001年第3期，第1-5頁。

[14]王岳川，《後現代主義文化研究》，北京：北京大學出版社，1992年，第81頁。

[15]S. Kariel, *The Pragmatic Momentum of Ecological Psychology*, University of Hawaii, 1985, p.127.

[16]S.·羅森塔爾，〈古典實用主義在當代美國哲學中的地位〉，北京：《哲學譯叢》，1989年第5期，第53-60頁。

[17]奧斯卡·紐勒，〈人的需要：完備的整體的方法〉，引自勒德維爾主編，《人的需要》，瀋陽：遼寧人民出版社，1988年，第133頁。

[18]E. S. Reed, *James J. Gibson and the Psychology of Perception*, New Haven: Yale University Press, 1988, p.46.

[19]E. S. Reed, *James J. Gibson and the Psychology of Perception*, New Haven: Yale University Press, 1988, p.55.

[20]L. E. Gordon, *Theories of Visual Perception*, Great British: John Wiley & Sons Ltd., 1989, p.146.

[21]R. G. Barker, Ecological Psychology: Concepts and Methods for Studying the Environment of Human Behavior, Stanford, CA: Standford University Press, 1968, p.9.

第四章
生態心理學之主張

生態心理學作爲一門學科還沒有統一，但是隨著生態心理學的研究和隊伍的發展，逐漸有了被大家認同的較穩定的觀點群，標誌著生態心理學在心理學中的地位得到較普遍的承認。生態心理學之所以會形成幾種不同的、鬆散關聯的觀點共存的狀況，是因爲它將心理學研究的對象復歸現實生活，還心理學對象之複雜的本來面貌，故此，在研究之初出現不同的觀點是可以理解的。相信在生態心理學逐漸發展的過程中，還會出現百花齊放的現象，但是它們會在研究資料和研究結果越來越多的時候，加深對共同主張的認識，在更加廣泛的範圍中形成觀點之間的有機整合，使得共享的東西在不同層面上出現。

現在所要思考的是，生態心理學到底在哪些地方取得了一致的地方，以及在此基礎之上有可能在哪些地方取得一致。在此，本書試圖全面總結已經出現的生態心理學的基本主張，用以建構出比較統一的生態心理學的理論體系。

一、心理學研究之對象：動物和環境之交互性

心理學的研究對象由於學派之間的看法不統一，在歷史上幾經波折。最早它被界定爲靈魂或心靈或意識研究；科學心理學建立以後，實驗心理學和構造主義心理學將它界定爲經驗（意識）的研究；後來又被行爲主義定義爲行爲研究；到現在被認知心理學界定爲認知研究。其實，這只是說到主流心理學的情況，而且也並不是說前者被後者代替，前者就全部消失了，而是有的觀點會繼續與主流研究對象一起存在著，隨著不同學派的產生和發展而受到不同程度的關注。除此之外，還有非主流心理學流派對研究對象形形色色的看法：意動心理學研究意動（人的心理活動），經典精神分析學派研究潛意識和集體潛意識，人本主義心理學研究具有整體人格和潛能、價值等特徵

的健康人的心理。但是不管以上哪一種對象，都是從人自身的角度上來定義的：靈魂或心靈或意識是人作爲自然界的最高物種的、最能與其他物種相區別的特徵來界定的；經驗或意動或機能就是指人的心理或心理活動或心理功能；行爲和認知都是在實驗室裏，藉由把環境還原爲刺激或輸入來分析它們的運作機制。這些研究對象都是從人自身的角度出發，基本上脫離真實的環境來定義研究對象的。

對於研究對象的界定，生態心理學與以上傳統流派最大的區別，就是在對動物[1]和環境的重新界定基礎之上，把心理學的研究對象定位在人或有機體與環境的交互關係。用布倫瑞克的觀點來說，一種正確的心理學必須是一門關於有機體－環境關係的科學，而不是關於有機體的科學，而且它的主要目標必須是研究有機體如何與它的環境保持一致。用著名生態心理學家吉布森的話來說，「動物和環境組成一個不可分的對子。每一個術語包含著另一個。」[2]用另一位生態心理學家里德的話來說：「我認爲心理不是存在於大腦中，而是存在於有機體與環境的關係之中。」[3] 將生態心理學研究對象定位於有機體－環境關係之上的學者還有很多，例如蕭（R. E. Shaw）、梅斯（W. M. Mace）

和特維（M. T. Turvey）。他們三人多年來一直從事生態心理學的研究，並主編了一系列有關生態心理學的著作，他們在卷首語中是如此爲生態心理學下定義的：「從寬泛意義上說，生態學是一種研究有機體系統、他們的環境和兩者之間不斷進化的交互作用（reciprocity）[4]的一種多學科的取向……生態心理學強調有機體系統和他們的環境之間訊息的交互作用……吉布森用生態心理學這個術語來強調知覺研究中的這種動物－環境的交互作用。」[5]可見，生態心理學的這種研究對象的界定，已經在國外生態心理學研究的學術圈中形成了一定範圍內的共識。

動物—環境的交互作用包含著對動物和環境的重新界定，而對動物和環境的重新界定是建立在生態心理學自己的哲學基礎，即生態實在論基礎之上，如果仍然建立在傳統二元論的基礎上，這種界定就失去了意義。下文闡述生態心理學是如何對動物和環境進行重新界定的。

(一)對動物的重新界定

傳統主流心理學的研究對象一般是被分析爲元素或某種生理水準的人，人是作爲從環境中分離出來的孤立的個體：或者是在實驗室中作爲被指導的自我觀察的被試者，或者是刺激－反應操作實驗的一個被動的實驗對象。這裏的人的本體存在方式是不被考慮的，像物理學中任何一個實驗物體一樣，只是一個研究對象或者說一個實驗被試者，是實施實驗不可替代的一件工具，假如從理論上講，人的實驗功用能被替代，那麼人即使是在實驗研究中作爲可憐的被試者資格也沒有了，這種假設和作法恰恰爲行爲主義所接受，在行爲主義的實驗中便不再以人爲被試者，而代之以其他動物，因爲人和其他動物的心理水準被假設爲一樣的，都是條件反射。行爲主義在這裏過分強調人和動物的連續性，抹殺了人和動物的本質區別。行爲主義在它的理論前提假設中，承認動物和人的心理對環境的適應性，也就是承認人和環境的某種關聯，但是也僅僅是把人和其他動物的心理當作是一種適應環境的工具，而且在具體理論和實驗研究中把這種被歪曲的適應性的對象——環境簡化爲單一的刺激，從而在實質上抹殺掉環境和人的豐富關聯性。即使到了認知心理學家那裏，人同樣被視爲與環境分離的個體，人是加工訊息的電腦，唯一與環境的間接聯繫是被研究者人爲改造過的人工環境和任務，這已經不是人所生活其中的環境和來源於這種真實環境中的任務。我們可以用奧爾波特（G. Allport）的觀點來總結主流心理學對人的基本看法。奧爾波特曾經把心理學家和他們的研究模式劃分爲兩派，並描述了它們對人的基本看法：「支配英美心理學的傳統可以追溯到約翰・洛克（J. Locke）。貫穿著這個傳統的思想傾向是強調有反應有機體，認爲人本質上是一個被動的接受者和反應者，接受外部刺激並對相應環境事件作出反應……環境決定論、行爲主義、刺激－反應心理學、實證主義、操作主義、元素論和數學模型的應用都屬於這個傳統的表現。萊布尼茨傳統……一直統治著歐洲大陸的心理學。按照這種傳統的觀點，有機體更爲主動並自我推進。格式塔心理學、現象學和各種有關的整體論或克分子心理學就是這個傳統的衍生物。」[6]這前一派就是主流心理學。儘管我們不能把所有的傳統心理學都截然地區分爲這兩種傳統，但是這裏還是比較準確地反映了這兩種傳統對人的基本看法。本書第三章論述過生態心理學繼承了格式塔心理學的整體論傳統，這種淵源也是它對有機體和環境的認識更加整體化的原因之一。不過，奧爾波特所說的第二種傳統中的人本主義心理學，雖然它是將人作爲一個整體來研究，但是它關心的人是作爲一個注重內部精神發展，能實現先天潛能的人，這種人是一種脫離真實環境的抽象概念。

生態心理學首先恢復被傳統心理學所分離的所有動物和它們的環境之間的直接關聯性。這種關聯性不是二元論的，它是存在方式上的相互依存，功能上的相互作用。這種關聯性也不同於機械的決定論關聯，其中一個不是機械地決定另一個因素，而是它們的交互關係作爲解釋的原因。生態心理學認爲，動物是在與它們的環境的交互作用的進化過程中存在的實體，即動物不能脫離它們的環境而存在。動物的這種存在，不像植物和非生命的事物，它們是活生生的和有感知力的，它們被環境包圍著的方式，不是「空間」包圍一個天體或森林包圍一棵樹的方式。一種動物，不像一種植物，不是與一個位置和角度牢固地黏在一起；動物可以交換位置和角度，也就是說是可以運動的。「每一種動物，至少是一個知覺者和行爲者，而且是環境的知覺者和在環境中的行爲者。但不是說它知覺物理世界和在物理的時空中行爲。」[7]這種對動物的界定包含著幾層關係：(1)動物的存在是與環境聯繫在一起的；(2)動物相對於植物和非生物，至少是能知覺和行動；(3)動物的知覺和行動也是與環境聯繫在一起的；(4)這種環境不能等同於物理世界。從本體論上說，動物的存在是在與它的環境交互作用中體現的，而這種交互作用體現在它與環境的功能聯繫上。

其次，生態心理學並不像行爲主義那樣抹殺動物的物種差異性。生態心理學所說的環境都是具有物種特異性的，而不是泛泛地談論動物和環境之間的關聯。與生態心理學對動物本質的看法相聯繫的是，生態心理學認爲在心理學中對動物的分類不同於動物學的分類。在動物學上，是根據動物的遺傳和解剖特徵來分類，在心理學上，是根據它的生活方式來分類，而這種生活方式也是與作爲起居地的環境緊密聯繫在一起的。動物的生活方式就是在適合它的環境中形成的，並且在與這種環境的交互作用的過程中進化。所謂適合它的環境，是指它至少能知覺到並在其中行爲的環境，比如，蒼鷹在高空中能知覺到地面上逃竄的野兔，人類依靠肉眼在這麼遠的視野中就不能作到，但是人能夠製造望遠鏡並借助它來作到，這一點蒼鷹是不能比及的。生態心理學認爲，心理學不可避免地要在這種環境中研究動物的生活方式，以及研究用來適應這種與它們的環境交互作用的生活方式的心理機能。這裏其實牽涉到心理學研究對象的另一層含義，即心理學在考察研究對象的時候，應包含對動物適應環境的心理機能的考察。

(二)對環境的重新界定

在動物和環境的交互關係中被心理學忽視的通常是環境，傳統心理學中即使涉及到環境或與環境相關的概念，其含義也與生態心理學的不同。環境在主流心理學那裏是一堆刺激的堆積，在研究的時候根據研究需要從中抽取某種刺激，有時如果不好抽取，就人爲製造一種人工情境作爲替代。在人本主義心理學那裏，環境是作爲一種抽象的意義，是由文化、社會和道德以及宗教等組成的綜合背景，而且這種背景對個體或抽象的人來說，就是作爲一種意識到個體存在的對比物或凸顯人的價值的背景或分析人的潛能發揮的因果推理手段。在佛洛伊德（S. Freud）的精神分析學中，環境（主要指社會文化）是作爲一種本能的對立面，它壓抑本能，從而成爲導致焦慮的一個因素，環境在他那裏，根本是忽視的。

對於環境的界定和理解是生態心理學花大力氣來闡述的。吉布森在他長達三百多頁的代表作《視知覺的生態心理學》中，幾乎用了一半的篇幅來闡述他對環境的重新界定。巴克關於環境的看法形成了行爲背景理論。布朗芬布倫納的多元系統理論也是對環境系統研究的成果。奈瑟的環境就是指認知發生的真實背景和日常生活。他們對環境概念的一些基本看法是一致的。

■ 環境是與動物以及動物的行爲聯繫在一起的

環境與動物的聯繫既體現在存在上的相互依存性，又體現在功能上的相互作用。環境是包含著動物的世界，是動物在其中生活的真實環境。在本體論上，不能離開與動物的關係而獨立存在，它不能理解爲一個空的環境（ambient），也不能還原爲動物－神經的物理變量，而是一個有差別的、允許動物生活的環境（surround）。吉布森認爲，作爲動物的環境，在概念上是不能等同於物理世界。物理世界包含所有從原子到陸地物體到星系的所有事物。而動物的環境是指中等度量的世界，換句話說，環境是指能被動物所知覺到並在其中行動的真實世界。這與格式塔心理學的環境又要區別開來，生態心理學的環境是指在功能上與動物相聯繫的真實環境，換句話說，真實環境直接影響知覺或行爲，藉由將知覺的「物體」與環境視爲一體，生態心理學避免了現象學的主觀主義和二元論。格式塔心理學的心理環境或被知覺的環境是現象世界，而不是真實環境，格式塔學派認爲真實環境不能直接與知覺者發生關係，影響知覺或行爲的是心理環境，心理環境才直接與真實環境發生關係。兩者的區別如下圖所示：

生態心理學：

真實環境←→行為或知覺等心理過程

格式塔心理學：

真實環境←→心理環境←→行為或知覺等心理過程

環境和動物的相互聯繫還表現在他們之間功能上的交互作用。吉布森發明了「可獲得性」(affordance)一詞來描述環境和動物之間的這種功能聯繫。可獲得性是相對於動物生活方式來定義的，它是環境的相關特性，是環境提供給動物可以利用的某種特性，如椅子提供「可坐的」特性，蘋果提供「可吃的」特性等等。它藉由向動物提供功能來體現價值。因爲環境的可獲得性概念，使得環境不僅僅是傳統二元論意義上的物理環境，它對動物—知覺者是有功能意義的。在巴克的行爲背景中，環境和動物之間的功能交互作用是：行爲背景制約著成員的行爲，而成員藉由調整自己的行爲來適應某一種行爲背景。

■ 環境是有結構的和有秩序的生態系統

動物本身作爲環境的成員或單位被嵌入這種結構中，並遵守著這種秩序。這種結構化和秩序化的思想，爲生態心理學系統考察動物（行爲）和環境的關係提供了一種理論支持。對於環境的結構性，布倫瑞克用各種變量「結合成」（tied）一種「背景生態學」（textual ecology）[8]來說明，而巴克使用了「具有結構的」（textured）[9]一詞來形容。巴克的背景理論就是將行爲背景看成是一種有結構的、有秩序的以及能自動調節的生態系統。行爲背景是由人和非人的成員組成，成員之間的相互作用以及成員與整個行爲背景的相互作用，形成了這個系統的秩序，整個背景可以自動調節該行爲背景中成員的行爲特徵。吉布森認爲動物（人）的環境在不同水準上被結構化，水準與水準之間是嵌套的（nesting），構成水準的單位之間也是嵌套的。所有這些嵌套的單位和水準又組成了一種等級系統[10]。吉布森認爲人們不可能在原本無結構的世界強加上一個結構，對於有結構有秩序的世界來說，人是直接知覺到的。這就是吉布森直接知覺的主要思想。布朗芬布倫納提出的微系統、中系統、外系統和宏系統四個系統，就是環境的結構化和有序化的最好體現。傳統心理學中的環境被還原爲單一的刺激，而生態心理學盡可能地還它複雜的本來面貌，但是環境的複雜性在大多數生態心理學家那裏不是混亂的，而是有結構和有秩序的。

■ 環境是動態平衡的

生態心理學認爲，環境是持久和變化的混合物，環境中的持久和變化都不是絕對的。環境既不能用巴門尼德（Parmenides）的絕對的永恆和變化的二元論來刻劃，也不能用赫拉克利特（Heracleitus）的絕對的流動來刻劃。簡單地說，變化和穩定在環境中是交互性的。在吉布森的生態環境理論中，時間和空間都不是原有的概念。在歷史上，時間常常被認爲與變化同一，空間被認爲是與持久同一。而吉布森認爲空間結構是會變化的，而在某些方面時間結構也會表現出規律性和不變性。吉布森在他的知覺理論中，清楚地強調了時間規律性的觀點。空間結構的變化性爲吉布森提出與傳統知覺心理學的「速拍視覺」和「小孔視覺」不同的「周圍視覺」和「運動視覺」打下了基礎。

■環境是在與動物和行爲的交互作用中進化的

環境是進化的生態系統。環境被生態心理學家理解爲與動物的生活方式有關。動物在它的生活中，不斷地與它的環境進行物質、能量和訊息的交換，藉由這種交換的過程動物和環境不斷進化。與此相關的，生態心理學家把動物的心理也描述爲適應環境生活的功能體現。

動物和環境之間的交互性試圖從底部挖除二元論和還原論，環境的「物質」和身體的「心理」在本體論上和在認識論上，藉由生態系統的功能和訊息單位聯繫在一起，動物和環境不被看成是脫節的實體。現代心理學所缺乏的是對與一套環境條件一起進化、並與這些條件保持一種動態的交互關係的有機體以及其功能的解釋。在傳統中，心理學解釋是從動物本身（或心理內部）開始的。生態心理學卻開始於外部，而且常常用動物和環境的關係來描述生命存在的周圍環境。環境在傳統心理學上是研究的參照對象，但是生態心理學卻把環境作爲研究對象之一，並藉由分析環境的適當水準並且在功能上將「物理」環境與動物生命連在一起，這樣就避免了傳統的還原性質的環境主義和物理主義。

二、心理學研究之方法：注重生態效度

如果要與上面這種把動物和環境的交互作用作爲研究對象的觀點保持一致的話，那麼生態心理學的研究就不可能沿用原來適用於傳統研究對象的研究原則和方法，必然有與這種研究對象一致的研究原則和方法。

(一)研究的基本原則：交互作用原則

傳統心理學承襲笛卡兒的機械二元論，總是從事物的一個方面來認識事物，由一個事物來決定另一個事物。例如，經典行爲主義在認識人的心理和行爲的時候，拒絕任何不可觀察的心理實體的存在。典型的行爲主義認爲，所有的存在都是物理實體，都在原則上是可以觀察的。因此，經典行爲主義者認爲，與心

理學有關的研究對象是行爲和在身體中可測量的（可觀察的）事件，兩者都可以直接與物理環境的物質實體機械地連接。經典行爲主義藉由否認一個方面來肯定另一個方面，在認識論上仍然是二元論的一種極端表現。

與行爲主義同時存在和並行發展的生態心理學反對這種認識論上的二元論。生態心理學家認爲，傳統心理學家所分離的兩個方面的東西，如行爲和心理、行爲和環境，在本體論上都是相互依賴和相互作用的對子，因而在認識論和方法論上，都不能對它們進行分離地研究和解釋。因此從方法論上，生態心理學家把交互作用原則（the principle of reciprocity）作爲首要原則，運用於他們的研究之中。如果按照交互作用原則來理解我們是如何認識世界的，那麼起著關鍵作用的不僅僅是一種對認識者的描述，同樣還有對被認識者的描述，因爲知識包含一種認識者和被認識者的交互性。前面我們談到生態心理學對動物和環境的重新界定，所依據的主要原則就是交互作用原則。隆巴爾多（T. Lombardo）在《知覺者和環境之間的交互性：詹姆士·吉布森的生態心理學的演化》一書中，開宗明義指出:「吉布森的生態心理學的中心觀點就是交互作用的原則。」他又進一步解釋了交互作用的含義：「交互作用意思是可區別的然而相互支持的現實。動物生活方式和它們的環境一起組成了一種交互作用的統一的生態系統；生命功能如知覺和行爲必然包含一種環境，而環境特性也包含動物的生活方式……吉布森的知覺生態心理學把視覺看成是一種生態系統，而不是生理系統。『生態的』一詞就是指動物－環境的交互作用。後來吉布森將生態交互作用原則用於整個心理學。」[11]如果將這兩段話聯繫起來看，包含了三個重要的含義：(1)動物（包括人）—環境交互作用不僅是心理學的研究對象，而且是生態心理學的中心原則。(2)生態心理學與生態學概念的通約性就在於『生態的』含義是指動物－環境的交互作用，它能最突出地反映這種新取向與傳統取向視角的根本轉換：從一種人和環境的二元分離到人－環境的相互影響的視角轉換。(3)有機體和環境都是生態系統，它們的組合也是生態系統。不僅在總體思路上，交互作用原則起著很大的作用，而且在個人的具體研究理論中，交互作用原則也是一個主要的原則。例如，吉布森在他的知覺理論中，總是把事物放在一個與之相關的對子中考察，吉布森的生態心理學中的許多基本問題，都可以用交互性對子來表述，見表 4-1[12]。

吉布森不是將環境僅僅是與理解知覺的哪些條件聯繫著，而是與心理學的事實的全體聯繫著。環境被歸於更基本的概念——生態系統之下。它是提供動物生活的東西。在他的生態心理學中，「主觀的」和「客觀的」呈現出相對的和相關的意義，對被知覺的「什麼」（客觀）的描述不能獨立於知覺（主觀）的一種解釋。在這種指導思想下，吉布森的知覺理論的相關概念都是交互作用的。也可以說，這種交互性思想是吉布森的生態心理學與傳統二元論的心理學最大的區別。

交互作用原則指導著所有的生態心理學家進行研究。巴克對行爲的看法也很注重從交互作用原則來解釋。他和他的同事們認爲「個體的行爲既有客觀的一面，又有主觀的一面。客觀的一面包括人的生理行爲；而主觀的一面則發生在將人作爲一個整體的情況下人的身心活動的統一。人的客觀行爲和主觀行爲是密不可分的，即使是生理運動也受到主體的目的的驅使，也發生在個體認識的意識範圍之內。環境也包括主觀和客觀兩個方面，客觀的部分被稱爲『生態環境』，主觀的部分被稱爲『心理習慣』。個體的心理習

表 4-1 吉布森理論中出現的交互對子

動物	環境
知覺者／行為	環境
生活方式	可獲得性
知覺／本體感覺	行為
本體感覺	知覺
本體特異性的訊息	外部特異性的訊息
知覺活動	有效的刺激[13]
變化	持久性
時間	空間
刺激變化	刺激恆定性
部分／成員	整體／系統
知覺差別	知覺恆常性
周圍知覺／行為	環境周圍性
主觀的	客觀的

慣主要是個體對環境的情感反應，它導致個體在一定情形下採用一定的行爲。個體與環境之間是一種相互依賴的關係。個體的行爲受到周圍環境的影響」[14]。

交互作用原則還包含以下幾個方面的含義，爲生態心理學認識和解釋研究對象和現象以及進行具體研究，提供了更加具體的指導原則。

■ 關於研究的解釋原則：循環或多元交互解釋原則

交互作用原則還包含著對行爲主義單向的因果解釋原則的拒絕。交互性包含著相互依存性，單向的因果性包含著獨立的原因和依隨的效應。交互性包含整合（一體化），單向因果性包含不連續的事件。正如杜威說的，刺激－反應反射弧假設忽略了刺激對反應的相依性，切斷了刺激與反應的連續性，破壞了刺激與反應的協調性。布倫塔諾（F. C. Brentano）也曾經批評構造主義的感覺理論，認爲構造主義的認識對象沒有和認識行爲一起存在。相互依存性的原則不僅站在二元論的對立面，而且站在單向因果理論的對立面。

■ 關於研究本身的原則：在實際生活背景中研究的原則

由於生態心理學認爲動物和環境是交互作用的，所以脫離動物的生活環境來研究動物和動物的行爲是不現實的。而且這也是傳統心理學陷入困境的主要原因之一。動物和環境的交互作用原則是作爲如何定位心理學研究對象的主要原則，而在實際生活背景中研究的原則就是在研究方法上與之呼應的原則。

傳統心理學爲了使自己與位於自然科學之列的物

理學等學科保持一致，從它們那裏挪用了嚴格的實驗方法，而不管這種方法是否完全適用於心理學的研究對象。雖然實驗方法爲心理學積累了大量的科學知識，使得心理學在自然科學界受到了矚目，但是也有很多心理學家對此提出了質疑，保羅・凱林的《心理學大曝光——皇帝的新裝》(1987)的作者開篇就說：「鑒於目前實驗心理學已有所發展，下述觀點將會引起爭論：即認爲實驗心理學不能解釋什麼是本質的人，而且它所呈現的進展越大，事實上它就越遠離心理學所應該具有的目標。結果，現代心理學不僅毫無價值，而且實際上具有腐蝕性，它破壞了任何企圖洞察人類行爲的可能性。」[15]這裏的實驗心理學就是指運用嚴格實驗室研究方法的主流心理學，包括馮特(W. Wundt)建立的實驗心理學、行爲主義心理學和訊息加工取向的認知心理學等等。凱林的觀點認爲現代心理學毫無價值且具有腐蝕性等等，也許言過其實，但是嚴格的實驗室設計和程序的確肢解了人在生活環境的鮮活性和真實性，使得這種研究遠離了心理學應面向現實生活的研究目標。這一點正是生態心理學家集中火力批判的地方。奈瑟認爲傳統的訊息加工取向對人類認知的揭示不令人滿意的原因，就是因爲它的基本典範將認知完全置於背景之外。他進一步認爲典型的訊息加工和認知實驗是在爭取方便，而不是「真實的」環境中發生的。因而，奈瑟呼籲一種生態學取向的認知科學，這種認知科學研究認知行爲發生的背景，還有與這個背景聯繫的行爲和過程[16]。

在實際生活背景中研究心理和行爲，包括研究宏觀環境背景和日常生活背景的心理現象和行爲。例如，生態心理學已經展開研究的認知行爲包括：(1)說話和交流行爲；(2)早期生活經驗的記憶行爲；(3)日常計畫和社會行爲；(4)日常任務行爲，如閱讀的行爲，等等。

實際生活背景的心理學研究還包括處理心理的實際應用問題。在認知領域，傳統認知心理學的研究者主要關心認知的基本研究，而留下應用方面給實踐者。而由於生態心理學提倡在實際生活背景中研究的原則，認知心理學越來越關注應用實踐問題，如閱讀問題、目擊人的記憶、記憶提高和酒精對記憶的影響等實踐問題，已經成爲認知科學研究的一個主要趨勢。

■關於研究方法的選擇原則

・把生態效度作為檢驗研究有效性的一項重要指針的原則

我們知道，實驗室研究從誕生起，一直備受大多數心理學家的歡迎，其原因是實驗室研究借助各種儀器設備和實驗控制手段，能夠精確解釋事情的因果關係，並從而能夠在一定程度上預測行爲。但是由於它的人爲性，嚴重與真實生活脫節，因而也遭到來自主流心理學內部和外部的眾多批判。生態效度正是主流心理學內部的心理學家接受了生態心理學思想，爲了改善實驗研究而提出的一項檢驗指針。

正如卡魯札（J. Karuza）所形容的「生態效度的概念有一個漫長而令人尊敬的歷史」[17]，我們前面談到生態效度最早是由布倫瑞克提出的，當時它所用範圍還是很有限的，他多次定義生態效度，最後把它界定爲預測某一刺激或提示線索是否可靠的指針。後來的生態心理學家如布朗芬布倫納和奈瑟等人，都先後對它進行了更廣義地闡發。例如布朗芬布倫納把它界定爲:「在一項科學研究中被試者經驗到的環境具有被研究者所假定的特性的程度。」[18]這個定義強調一項研究在多大程度上反映了真實背景。奈瑟將生態效度界定爲一個理論或一個實驗結果能夠說明或預測人們在真實的、各種不同背景中的行爲的程度。這個定義強調一個理論或實驗研究的實用價值。這兩個定義實際上包含了生態效度的兩層相互關聯的含義，前一層含義是後一層含義的前提條件，後一層含義是前一層含義所要達成的目標：即如果要使得一種研究具有較高的實用價值，那麼對於實驗室研究來說，實驗設計中的情境就要與真實環境的情境高相關，或者說一種研究的情境要包含一種真實環境的主要特性，而且在這種實驗情境中發生的心理或行爲在特定的真實環境中是典型性的。生態效度是基於對實驗室的反思提出來的，但不意味著野外觀察就不要生態效度。生態心理學認爲，生態效度對實驗室基礎的心理學研究和野外觀察爲基礎的研究都具有同樣的意義。那麼如何使得研究具有生態效度呢？簡單地說，就是要改進實驗設計，將實驗設計與自然研究結合起來。我們在研究方法中將具體論述這種作法。

・多元方法組合的原則

一些生態心理學的研究者不滿實證主義框架下的嚴格實驗設計唯我獨尊的地位，提出一種多元方法組合的研究取向。生態心理學家認爲，生態效度的提高或主觀經驗的評估這個目標不能用單一方法達到，也不可能在不同種類的研究中達到同樣的程度。因此，他們主張多元方法，當沒有一種單一方法和單一研究能夠完成所有的要求時，在不同的研究中，不同方法的組合有助於接近這個目標。例如，庫克（T. Cook）和他的同事提出一種「批評性多元主義」（critical multiplism）的研究思路，試圖爲社會科學提供反實證主義框架的研究模式。所謂批評性多元主義是指不依靠任何一種特殊方法，但利用一些已存在的和一些新方法的特殊優勢，藉由組合具有不同優點和弱點的方法來克服它們各自的特殊弱點，即取長補短。這種研究取向是對社會科學研究採用單個方法的批評[19]。

生態心理學十分推崇多元主義。多元主義不僅指多元方法，而且還指多元研究設計、多元取樣、多元分析、多元變量和多元資料分析方法。例如，同樣一種研究可以採用多種研究設計：跨區域設計、縱向設計以及準實驗設計等等。這些研究設計每一種都可能包含個人－環境關係的不同方面，例如，有的能更好地研究和解釋環境中的行爲，有的更好地研究和解釋環境的知覺等等。在資料蒐集上也有很多方法，例如行爲樣本記錄法：對某一個目標被試者一天之中的活動作最原始最詳盡記錄的方法；經驗取樣方法（ESM）[20]：它使用信號器隨機讓被試者報告他的日常生活中某一個特定時間的行爲和思想；自拍法（autophotography）[21]：它提供了一種現象學的、主觀的方法去獲得自我概念與實際社會和物理環境之間關係的觀察，在這種方法中，被試者對與他們的自我概念有關的環境進行拍照，等等。

總之，研究方法的選擇盡可能適合生態心理學的研究對象和目的。生態心理學的多元方法組合原則不特別推薦某種特殊的方法，也不推薦將某種研究模式作爲一種研究典範和普遍典範，它認爲每一種研究都有它自己的特殊方法和技術的組合。

(二)研究的具體技術、策略和方法

沒有技術與方法支撐的原則，是不能在研究實踐中實施的，換句話說，理論上的生態心理學必須由方法上的生態心理學來補充和支持。爲了能更好地實踐生態心理學的原則，一批生態心理學家在不斷探索如何在具體研究中實現生態心理學原則的問題，他們根據不同的研究對象和要求選用不同的方法組合，以便

能盡可能地在接近或等同於真實背景或就在真實背景中實施研究，從而在具體方法層面上形成一種多元方法並存的趨勢。

■具有生態效度的研究設計

生態效度的研究設計要求每一個環節盡可能圍繞著生態效度來安排，但一種心理學的實驗設計是否具有生態效度，從某種意義上說，主要取決於被研究的對象和實驗情境的取樣的性質。從研究對象來說，刺激變量在多大程度上是個體生活的典型性樣本。從研究情境來說，「藉由取樣或相關方法獲得的情境，必須是代表被研究的有機體發揮功能的一般或特殊的情境」[22]。這要求取樣的時候要注意被試者和實驗情境的取樣。

在被試者取樣上，過去常常用學生作爲被試者，原因一是圖方便，二是基於這樣的假設：被研究的心理過程被假定爲普遍的，只有心理內容被認爲受到文化或亞文化等環境因素的影響。這樣的取樣也因此受到批評。生態心理學認爲在任何複雜的自然主義的背景中發生的心理過程，比在實驗室的抽象背景中發生的心理過程，都更加具有背景特異性或典型性，因此它要求將「廣泛取樣」作爲一條主要的取樣原則，但是由於自然情境的複雜性，他們又補充說明這條原則不是同等地適合於每一個研究，例如它就不適用於個案研究。在生態心理學的實驗或準實驗研究設計中，比較組的取樣也不要求是一種代表性的樣本，過去的實驗設計常常要求比較組具有代表性，來獲取比較組和實驗組的心理過程的差異訊息。另外，出於研究目的的特異性考慮，某種實驗設計可能會有特殊要求，因而也會要求使用特殊的樣本。

自然條件下的情境取樣，也不能沿用原來的方法，它需要方法上的進一步發展。因此，生態心理學家提出直接從個體生活情境的某個時刻隨機取樣，也許更加符合生態效度的實驗設計，這比另一種作法要強得多：從個體生活情境中取一些刺激變量，再依據這些刺激變量來重新創立一種實驗情境。這種在日常環境中對正在進行的行爲和日常經驗取樣的方法稱爲：經驗取樣方法（ESM）。在具體作法中，爲了在自然情境中對一個人的經驗隨機取樣，研究參與者攜帶一個信號器，它會在一天的日程中隨機地提醒研究者報告當信號發出時他們的經歷。藉由這種方法可以對思維、經驗、心境或自我報告行爲隨意取樣。這種經驗取樣方法利用了日常生活的主觀經驗的隨機樣本。這種隨機性的使用是想要將反應性降到最低，所謂反應性是指由於研究對象具有自我意識，從而會作爲較大影響的干擾因素滲透到研究過程，導致結果的「污染」[23]。過去與這種攜帶信號器類似的作法是：利用記日記，或當某一個特定的事件發生時，或按照有規律的間隔時間，或者預設時間表等方法，讓人們報告他們的日常經驗，這些方法的缺陷是它們都會增加研究參與者預期某個特殊事件必須報告的風險，或許還有選擇性記憶的可能。而現在這種隨機經驗取樣的優勢，是降低反應性的作用而增加經驗的直接印象被研究的機率。

除了取樣上的一些改變，生態心理學的研究者還在整體上改造了實驗設計，創立了準實驗設計和現場實驗設計。準實驗設計的方法和現場實驗設計都是實驗設計和生態效度結合的產物，即都是具有生態效度的實驗設計。「準實驗設計是指實驗設計不是建立在實驗組和控制組的隨意分派的基礎之上。相反的，準實驗設計依靠許多方法，主要使用非等同的控制組和觀察的多元次數，目的是確定變化是否發生和描述控制的結果以及爲觀察到的變化提供解釋。」[24]現場實驗，它的設計與準實驗設計差不多，所不同的是在真實的生活環境中進行的實驗，而它們共同之處在於都是選取研究的亞最佳條件，來達到既滿足內部效度又滿足外部效度（包括生態效度）。準實驗設計和現場實驗設計的具體作法，周謙主編的《心理科學方法學》一書中有詳細的介紹，我們不再贅述[25]。對於現場實驗設計等非經典性實驗設計所面臨的解釋難題：對研究變量之間的因果關係的不易推斷的問題，研究人員也提出了一些新的方法，例如短期因果關係推斷所使用的基線水準分析，長期因果關係推斷所使用的交叉滯後平面分析技術（cross-lagged panel analysis, CLPA）、路徑分析技術以及驗證性因素分析技術（LISREL）[26]。這些技術使得在真實的環境中實施觀察和實驗並作出有效解釋成爲可能。

■個體特質研究法和一般規律研究法結合的研究策略

在考慮一項研究是否具有生態效度，不是說將研究定位在研究日常生活的心理過程或行爲就可以保證達到高生態效度。如果僅僅用過去的方法來研究，同樣有可能不能反映真實的情況。過去常常使用的方法被稱爲一般規律研究法（nomothetic approach）[27]。所謂一般規律研究，是指藉由考察個體的相似性來尋找一般規律。其研究策略是把個體內和個體外的差異作爲實驗設計誤差變量的來源。它所運用的具體技術如在目標總體中隨機選擇被試者的大樣本技術，並運用統計方法如方差分析和協方差分析來「控制」這些誤差變量的來源。一般規律研究抹殺了個體差異性。用一般規律研究法很難獲得對心理過程及其發展的準確把握，因爲不同的個體會表現出不同的過程，而且因爲一般規律研究的具體方法如方差分析是靜態的，它只關注在某一時間點的平均計算出的結果。貝克（S. J. Beck）曾經說：「一般規律研究越成功，它就越不能描述個體。一般的抽象水準不能注意到個體的動態過程。個體的一般規律的科學研究將個體排除在觀察資料之外，而且只關注個體外事件。」[28]對於貝克來說，個體特質研究法（idiographic approach）[29]和一般規律研究法對於心理學研究都很重要。個體特質研究法是與一般規律研究法相對的。個體特質研究，是研究個體的獨特複雜性，而對一般規律的發現卻不熱心。個體之間的差異可以導致同樣的研究呈現不同的意義，或不同的個體擁有不同的特性，而同一個體內的變化可以使得同樣的環境被同樣的個體在不同時間視爲不同。拿生態效度來說，如果研究者假設生態效度在個體間是不變化的，並且忽視個體差異和環境特性之間的交互作用，就會產生生態效度的一種膚淺的標準。但是僅僅採用個體特質技術研究個體，也不能保證研究具有個體的生態效度，或者將研究的結果推廣到個體生活的其他場合中去。被個體特質研究所揭示的行爲模型或心理規律也可能是人爲的，因爲它的資料蒐集過程有可能具有很大的主觀臆斷性，它的實驗任務有可能太過獨特。最好的辦法是將個體特質研究和一般規律研究理解爲研究心理過程和行爲的連續步驟。在一般規律研究中，不要將背景因素和個體因素看成是誤差來源，而是將它們作爲有用的變量。個體特質研究法是幫助理解一般心理過程的發生和發展的有用工具，它提供了個體方面的訊息。在具體作法上，既考慮個體內的歷時的穩定性和變化，又考慮個體間的一致性和差異；對環境的取樣既考慮跨時間因素又考慮跨個體因素。在技術選擇上，既考慮個案研究的技術如 ABAB 設計和多元基線設計，又考慮一般規律研究的技術。

■自然研究方法

在生態心理學的研究中，這種方法屬於一種純粹的生態學方法，它包括自然觀察和生態學的調查法。最著名的自然研究案例，就是巴克和他同事們對一個美國小鎮所作的爲期二十五年的觀察研究。他們爲此在當地建立了心理學界第一個研究人類行爲的現場研究站，並且實施了一種完全自然的觀察方法：行爲樣本記錄法，和一種生態學的調查法：行爲背景調查法。巴克自己闡述過他們建立這個研究站的目的和這個研究站的性質:「中西部心理學現場研究站是爲了便於在現場研究人類行爲及其環境而建立的，它爲心理科學帶來了早就被生物學家所利用的這種機會：易於獲得沒有被實驗室裏所發生的選擇和準備所竄改的科學現象。」[30]這個研究站的選址不是隨機的，而是經過仔細考慮的。其考慮的因素有如下幾點：第一，這個小鎮靠近堪薩斯大學，很容易請到研究生來研究站工作；第二，這個小鎮人口很少（約八百人），可以對居民的生活作徹底的調查研究，但是它又有完整的人口年齡梯度（從小於十二歲到六十五歲以上）；第三，它是一個自給自足、基本設施齊全和獨立成一體的小鎮；第四，這個小鎮的居民對於這項研究比較支持，且研究者與居民之間的關係是相互信任和相互接納的；第五，這個小鎮好像擁有一種集體的情感；第六，巴克和賴特（H. Wright）及其家人可以居住在小鎮，成爲這個被研究的集體的居民。

蒐集這個小鎮上兒童行爲的觀察資料所採用的方法是行爲樣本記錄法。具體作法是當被研究的兒童在早上醒來的時候，兒童認識的觀察者就出現了，然後這個觀察者就緊跟著這個兒童，並用筆詳細記錄兒童一天中在不同場合中的所作所爲，以及每一種行爲事件發生的背景特徵，直到兒童的就寢時間這種觀察才結束。在整個觀察過程中，觀察者與兒童之間不能有任何語言和行爲交流，一開始兒童會忍不住向身邊這個人說話，但是觀察者一律不予任何反應，久而久之，兒童就習慣了這種狀況，忽略身邊觀察者的存在而如常生活。這種方法的主要優點，是它提供了「用一種通俗語言對正在發生的行爲所作的最好描述」[31]，它完全不改變所記錄的觀察事件，它與去掉了前後背景的拍照記錄，或一份抽象的行爲分析相比，最大的好處是保留了行爲的內容和行爲背景的原始社會氛圍。這裏充分體現了巴克的不干擾被試者的研究思想。

藉由對這種行爲樣本記錄的分析，巴克他們發現了行爲背景的存在，從而引出了如何來確定和區別行爲背景的一種生態學方法：行爲背景調查法。巴克和賴特的第一次行爲背景調查，是在一九五一年七月到一九五二年六月爲期一年的時間進行的。那時，他們已經形成了確定和描述行爲背景的標準程序。當時，巴克他們認爲，確定一個小鎮的行爲背景的三個基本步驟是：(1)確定所選定的時間／地點之內的每一個可能的公共行爲背景；(2)從可能行爲背景的列表中剔除那些不能滿足行爲背景標準的項目；(3)用多種方法來描述剩下的背景，例如它們多久發生一次以及它們持續多長時間[32]。第一步是藉由觀察和比較來確認和列舉調查範圍內的所有行爲／環境同型體，也即是說，必須在確定的範圍內和特殊的時間內，尋找行爲和物理特徵之間的相互匹配的背景。例如，餐館就是一個行爲／環境同型體，它包含系統安排的物體如桌椅、櫃枱和收銀機等等，來配合人們在那裏發生的進餐和繳費行爲等。第二步是用測量法從所有可能的背景中排查出真的行爲背景。一般來說，在一個小鎮所有的同型體都在某種程度上相互聯繫，但是聯繫的程度不一樣。為了確定兩個同型體之間依存性的程度，可以分別在七個向度對它們進行一到七點評定，然後累加七個分數獲得一個總分數 K。如果 K 值超過二十一分，兩個同型體被認為是不同的行為背景，如果 K 值低於二十分，兩個同型體被認為是同一個行為背景的部分。七個評定向度分別是：(1)行為依存性評定；(2)人口依存性評定；(3)領導關係的依存性評定；(4)空間依存性評定；(5)時間接近性的依存性評定；(6)行為物體的依存性評定；(7)行為機制相似性的依存性評定。第三步是描述行為背景。一般可以按照以下的方式來描述：行為背景的時間和地點邊界；背景的持續時間；在調查時間內背景發生的次數；背景中所包含的人數；在背景中人們所承擔責任的位置和人們所屬的亞群體的數量；背景中反映如下功能如宗教、教養、生活、個人外表、教育、身體健康以及其他的行為模式；發生在背景中的行為如交談、思考和露出表情等；提供兒童福利的程度；等等。這種行為背景調查法也體現了多元主義的方法論思想，為了能達到調查目的，運用了不同的研究方法如觀察法、測量法和描述法。

三、心理學研究之模式：自然、開放、多樣

生態心理學運用交互作用的總指導原則，試圖引導心理學研究模式作一些改變：

■從探討思辨中或實驗室中的心理向探討眞實環境中的心理轉變（或者說研究對象從被動的接受者向主動搜尋者轉向，更加關注現實性的心理現象）

科學心理學建立之前的心理學思想，基本上關注人的各種心理官能是如何認識世界的，試圖藉由哲學的思辨來揭示觀念的形成和發展規律。對真實生活中的心理現象即所謂的「形而下」的問題不加注意。科學心理學建立以後，現代科學思維又把心理學領向了實驗室中人爲任務的研究，實驗心理學把人的心理首先假定爲人人是一樣的，沒有個體差異，力求藉由實驗來發現具有普適性的心理規律。所以真實生活中帶有個體特徵或具有情境性的心理現象不是科學心理學研究的範圍。生態心理學的研究藉由強調對人和環境的交互作用的關注，使得心理學研究者的目光投注在

真實生活環境中發生的心理現象。

■從人的心理內部機制的探求轉向對人和環境互動關係的探求

在實驗室研究中，人的心理內部機制的研究是它的根本任務。這種心理學被布倫瑞克稱之爲「被包裹的」心理學。心理學的原理都是由一些生理學或電腦術語所構成。這種心理學勢必是有缺陷的，它不能完全回答各種心理現象在真實生活中的複雜性和差異性。特別是在與人的社會生活聯繫緊密的社會心理學中，這種僅從有機體（人）生理因素或內部因素的角度來解釋心理現象的作法，不符合社會心理學學科特徵。因此，社會心理學也是產生生態心理學的適合土壤之一。勒溫、巴克和布朗芬布倫納等人都在糾正這種偏向上作出了有益的探索。他們藉由自己的實踐研究證明：將群體行爲和心理及其發展放在人和環境的交互關係中考察的可行性，並且這種研究能解釋不能用人的心理內部機制解釋的問題和現象。例如，布朗芬布倫納就認爲心理過程必須看成是系統的特徵，而在這個系統中的個體只是一個成員。他又說：「我提供了一種新的取向，這種取向關於發展著的人、環境和兩者之間的進化作用的概念是全新的。」[33]生態心理學不僅僅適用於社會心理學，它已經是作爲心理學的一種普遍趨勢在發展。例如，作爲人格心理學的研究對象出現的「自我」這個概念，在生態心理學家那裏，被他們稱之爲自我生態，並被理解爲由他人、供給物、背景以及持久的社會經驗組成的生態系統。這個自我既塑造這個生態系統又是它的產物。由於把發展和變化理解爲發生在這個自我生態之中；因此對自我變化和發展的解釋，不僅涉及個體內的因素，而且還涉及包圍個體的周圍物，它們之間的相互作用被認爲是自我概念的中心動因[34]。

■ 從對理論模型的追問到對理論背景與實驗設計之間匹配的關注

現代主流心理學由於過分推崇科學的實證主義精神，把科學的因果定律作爲檢驗一個理論是否有效的唯一標準。「心理學研究中，經常以因果關係分析的水準作爲衡量研究品質的標準。一般來說，如果一項研究的變數及其因果關係明確，就認爲該研究具有較好的效度，其層次水準也比較高。」[35]而影響因果關係分析水準的重要因素，是這項研究的理論模型設計得如何，換句話說，是否能有效排除無關因素和把握關鍵變量。至於這項研究的模型設計是否建立在對真實環境中發生的行為的考察之上，以及實驗能否很好地解釋真實環境的現象，卻不被重視，即不考慮實驗的生態效度。在歷史上，典型的代表人物是赫爾（C. Hull），他企圖藉由嚴密的假設－演繹方法，來建構一個關於人類和動物行為的、普遍的、系統的心理學理論模型。赫爾的理論模型在推導過程沒有任何問題，問題出在這種理論的前提假設上，實驗本身的邏輯性不能代替解釋的有效性。布倫瑞克、布朗芬布倫納和奈瑟等人認為，生態效度的實驗研究能更加有效地解釋真實生活的現象，而要使得實驗研究具有生態效度的有效作法，就是與自然主義方法結合，而使用自然主義方法的主要目的，就是要探究真實環境中的個體與所處的環境之間的多方向的交互作用，為實驗室設計提供有效的研究任務，也為理論解釋提供更加多元的途徑。

■從對純粹事實（是什麼和怎樣）的關注轉向對事實與事實的價值（功能性的）融合的關注

純粹事實的關注是心理學從自然科學那裏繼承

過來的。構造主義心理學家鐵欽納明確提出心理學研究「是什麼」的心理學，機能主義是研究「爲什麼」的心理學，而前者才是正統的心理學，後者是心理學的應用。生態心理學認爲這種分離導致了心理學研究脫離現實生活，任何心理學研究對象的存在與功能都是相統一的，因而在追問心理現象是什麼和怎樣發生的時候，不能迴避對其功能的考察。在吉布森的知覺理論中，對知覺發生機制的解釋是建立在有機體適應環境的交互作用之上，即不同的有機體對環境的訊息（可獲得性）的偵察，是與它所特有的生活環境相聯繫的。例如，生活在黑暗中的蝙蝠能聽到超音波（環境的一種可獲得性），但是人卻不能偵察到這種環境的特徵，人的耳聰目明是針對人類的生活環境而言，換句話說，有機體的心理和行爲是在具有物種典型性的環境中發生的。盲人能藉由腳步的聲音準確地區分客人的身分，這也是他對他所特有的環境適應性的表現。知覺的這種分化就是不同有機體對不同的生活環境逐漸適應而形成的，這種進化而來的知覺對於有機體的生存具有特殊的價值。

■從分析性思維模式爲主轉向綜合性思維模式

心理學在其獨立之初，爲了心理學的科學性而努力，因而竭力地保持其學科的獨立性。任何離開正統心理學所規定的研究模式的嘗試，都被他們視爲離經叛道。按照科學模式建立的心理學，它嚴格遵循科學認識事物的規律：對事物進行分析、剖析才能認識事物的本質。分析性思維成爲心理學主要的思維模式，與這種思維模式相聯繫的觀點有客觀主義、元素論和定量分析。生態心理學家看到這種單一的思維模式所帶來的弊端，因此，生態心理學家積極推薦綜合性的研究模式，在具體的生態心理學研究中，與這種思維模式相聯繫的觀點有整體論、實驗研究與自然主義研究相結合的觀點、個體特質研究和一般規律研究相結合的觀點，以及多元方法組合的觀點等等。

註 釋

[1]在生態心理學的研究中，動物一詞出現的頻率是很高的。生態心理學用動物的泛指意義來說明包括人在內的所有動物，這樣的說法並不是要抹殺動物和人的區別，而是使得它的研究更具有生態學意味。

[2]J. J. Gibson, *The Ecological Approach to Visual Perception*, Boston: Houghton Mifflin, 1979, p. 8.

[3]愛德華・S.・里德著，李麗譯，《從靈魂到心理》，北京：生活、讀書、新知三聯書店，2001 年，第 9 頁。

[4]吉布森本人在《視知覺的生態心理學》中使用的是"mutuality"一詞，這個詞的含義等同於"reciprocity"。

[5]B. E. Shaw, W. M. Mace & M. Turvey, *Resources for Ecological Psychology*, Hillsdale: Lawrence Erlbaum Associates Inc., 1987.

[6]理查德・W.・科恩著，陳昌文譯，《心理學家——個人和理論的道路》，成都：四川人民出版社，1988 年，第 42 頁。

[7]J. J. Gibson, *The Ecological Approach to Visual Perception*, Boston: Houghton Mifflin, 1979, p.8.

[8]Postman & Tolman, "Brunswik's probabilistic functionalism", In S. Koch, *Psychology: A Study of a Science*, New York: McGraw-Hill, 1959, pp.516-551.

[9]R. G. Barker, *Ecological Psychological: Concepts and Methods for Studying the Environment of Human Behavior*, Stanford, CA:

Standford University Press, 1968, p.154.

[10]J. J. Gibson, *The Ecological Approach to Visual Perception*, Boston: Houghton Mifflin, 1979, p.9.

[11]T. J. Lombardo, *The Reciprocity of Perceiver and Environment: The Evolution of James J. Gibson's Ecological Psychology*, New Jersey: Lawrence Erlbaum Associates, Inc., 1987, pp.3-4.

[12]T. J. Lombardo, *The Reciprocity of Perceiver and Environment: The Evolution of James J. Gibson's Ecological Psychology*, New Jersey: Lawrence Erlbaum Associates, Inc., 1987, p.364.

[13]這裏的刺激不是原來意義上的單一的、無意義的、如點和線之類的訊息元素，是指眞實環境中被人們知覺到的有意義的有效訊息如光學排列(optic array)。

[14]陳向明，《質的研究方法與社會科學研究》，北京：教育科學出版社，2000 年，第 53 頁。

[15]保羅・凱林著，鄭偉建譯，《心理學大曝光——皇帝的新裝》，北京：中國人民大學出版社，1992 年，第 1 頁。

[16]T. M. Shlechter & Michael. P. Toglia, *New Directions in Cognitive Science*, Norwood: Ablex Publishing Corporation, 1985, pp.3-4.

[17]J. Karuza, Jr. & M. A. Zevon, "Ecological validity and idiography in developmental cognitive science", In T. M. Shlechter & M. P. Toglia, *New Directions in Cognitive Science*, Norwood: Ablex Publishing Corporation, 1985, pp.88-104.

[18]J. Karuza, Jr. & M. A. Zevon, "Ecological validity and idiography in developmental cognitive science", In T. M.

Shlechter & M. P. Toglia, *New Directions in Cognitive Science*, Norwood: Ablex Publishing Corporation, 1985, pp.88-104.

[19]A. C. Houts, T. D. Cook & W. R. Shadish, Jr., "The person-situation debate: A critical multiplist perspective", *Journal of Personality*, 1986, 54, pp.52-105.

[20]S. E. Hormuth, "The sampling of experiences in situ.", *Journal of Personality*, 1986, 54, pp.262-293.

[21]R. C. Ziller & D. E. Smith, "A phenomenological utilization of photographs", *Journal of Phenomenological Psychology*, 1977, 7, pp.172-185.

[22]E. Brunswik, "The conceptual framework of psychology", *International Encyclopedia of Unified Science*, 1952, 1(10), p.30.

[23]石俊傑主編，《理論社會心理學》，保定：河北大學出版社，1998 年，第 56-60 頁。

[24]Hormuth, Fitzgerald & T. D. Cook, "Quasi-experimental methods in community psychology research", In E. C. Susskind & D. C. Klein(eds.), *Community Research: Methods, Paradigms, and Applications*, New York: Praeger, 1985, p.210.

[25]周謙，《心理科學方法學》，北京：中國科學技術出版社，2000 年。

[26]張文新，《兒童社會性發展》，北京：北京師範大學出版社，1999 年，第 41-48 頁。

[27]在凌文輇主編的《英漢心理學詞典》上把它翻譯為「常規法則研究法」，在亞瑟・S.・雷伯著的《心理學詞典》中把

nomothetic 翻譯為「一般規律研究」，結合兩種的長處，將它翻譯為「一般規律研究法」。

[28]S. J. Beck, “The science of personality: Nomothetic or idiographic?”, *Psychology Review*, 1953, 60, pp353-359.

[29]車文博教授在《西方心理學史》一書中把它翻譯為「個體特徵研究法」。

[30]R. G. Barker, *Ecological Psychology: Concepts and Methods for Studying the Environment of Human Behavior*, Stanford, CA: Standford University Press, 1968, p.1.

[31]R. G. Barker, “Prospecting in environmental psychology: Oskaloosa revisited”, In I. Altman & D. Stokols, *Handbook of Environmental Psychology*, New York: Wiley. 1987, 2, pp.1413-1432.

[32]A. W. Wicker, *An Introduction to Ecological Psychology*, NY: Cambridge University Press, 1979, p.204.

[33]U. Brofenbrenner, *The Ecology of Human Development: Experiment by Nature and Design*, Cambridge: Harward University Press, 1981, p.3.

[34]S. E. Hormuth, *The Ecology of the Self: Relocation and Self-Concept Change*, Cambridge: Cambridge University Press, 1990, pp.1-2.

[35]王重鳴，《心理學研究方法》，北京：人民教育出版社，1990年，第27頁。

第五章
生態心理學研究之成果

生態心理學研究涉及了眾多的心理學分支領域，本書選擇要介紹的分支領域時，一個依據是生態心理學在這些領域中運用得比較多，內容相對比較成熟；另一個依據是選擇的領域比較有代表性。生態心理學是心理學研究的總的趨勢[1]，它在各種實踐研究中有著廣泛的支持和深遠的應用前景。

一、認知心理學的生態學研究

認知學科中的生態心理學或生態學運動，由吉布森發起，經奈瑟推廣，一九八〇年代以後已成為引人矚目的一種運動或趨勢，並且碩果累累。因此，有人才把生態心理學視為除了訊息加工取向、聯結主義取向之外的認知科學的第三種取向[2]。

(一)知覺及其發展的生態學研究

在知覺領域中，生態心理學最有代表性的成果是吉布森的知覺理論。儘管後人對他的直接知覺理論褒貶不一，但是他的直接知覺理論的確爲我們思考人類是如何知覺這個真實世界提供了一種新視角，爲此，戈登（L. E. Gordon）認爲吉布森的直接知覺理論代表著一種新典範[3]。

傳統知覺理論是一種間接知覺論，換句話說，我們對世界的意識是間接的，知覺是建立在感覺基礎上的心理建構物。但是，生態心理學研究的創立者吉布森從證明間接知覺的實驗推論是錯誤的出發，推翻了間接知覺論。間接知覺理論的上述假設是由鏡片失真實驗來證明和檢驗的。當被試者戴上歪曲世界景象的鏡片一段時間之後，便能導致一定程度的恢復。例如，如果鏡片致使直線看起來是彎曲的，一段時間的練習之後直線又會變直。對於這種歪曲視覺的適應現象的傳統解釋是：大腦會逐漸減少這種歪曲視覺輸入和正常觸覺輸入之間的差異。這個實驗驗證了傳統知覺假設即知覺是需要內部加工才能獲得的。但是，吉布森發現，甚至當被試者只是坐在那裏盯著直線而不去觸摸它的時候，這種適應都會發生。另外，沒有戴這種鏡片而盯著曲線看，也會引起它們的曲度慢慢降低。這些結果使得吉布森相信傳統解釋是錯誤的。特別是在吉布森參加二戰期間選拔飛行員的測試時，他藉由對飛行的實際情境中的知覺研究發現，飛行員的知覺是直接利用了來自地面和天空的訊息，換句話說，知覺可以直接獲取外部世界的訊息。經過多年在真實生活條件下對知覺的研究後，吉布森用以下假設代替了間接知覺理論的假設：知覺是知覺者直接在與環境的交互過程中獲得的。這就是直接知覺的假設。吉布森自己表述過他的直接知覺所要解構間接知覺的地方：「我心裏想的是僅僅對直接知覺替代間接知覺的強調。我想要排除一種額外的推理或建構的過程。我的意思是動物和人們感知到環境，不是在有感覺這個意義上，而是在偵察到這個意義上……我不是暗示一種知覺是一種對刺激的自動反應，正如一種感覺印象被認爲的那樣（在經典的心理物理學中——引者註）。我意識到知覺是一種行爲，不是一種反應；是一種注意的行爲，不是一個被引發的印象；是一種成就，不是一種反射。」[4]

繼吉布森之後，特別是一九八〇年代以後，有一批他的擁護者繼續直接知覺的研究。里德和卡茨（S. Katz）分別在直接知覺的哲學依據——實在論問題上深入討論下去[5]。里德的貢獻在於詳細分析了間接知覺的歷史根源，以及這種歷史根源是如何深入心理學的主流思想之中的。卡茨考察了吉布森對實在論的解釋，並認爲吉布森實際上是一位相對主義者而不是一位樸素的實在論者。奈瑟受到吉布森的影響之後，除了支持這種觀點之外，還在理論解釋上進一步完善它。奈瑟認爲知覺是「選擇的」而不是「建構的」[6]，承認知覺是建立在對客觀存在訊息的直接獲取的基礎上，在這種觀點上他進一步認爲，「預期圖式」（anticipatory schemata）這種結構對獲取這種訊息起著重要作用。除了理論上的後繼發展，還有一批具體研究進一步驗證和發展吉布森的直接知覺理論。在知覺發展心理學領域中，吉布森的妻子埃莉諾·吉布森[7]從一種發展性的觀點，來考察吉布森的可獲得性概念是如何被幼兒習得的。她在研究物體的「可抓握性」時發現，三個月的嬰兒能夠對物體的可抓握性和不可抓握性區別反應，這種區別性反應表現在嬰兒是用手還是用手臂趨向物體。

關於知覺是間接的還是直接的爭論，換句話說，知覺要不要依賴過去的經驗經過內部推理過程的組織才能產生的問題，目前大多數人傾向認爲知覺既有直接的性質又有間接的性質[8]。對於直接知覺和間接知覺都有實例佐證。直接知覺的實例如距離知覺就是我們直接知覺到的實例，而間接知覺的實例如雙關圖知覺，同一刺激可以引起不同知覺的產生，說明感覺輸入是模糊的，不能對外部刺激提供完整的描述。因此，兩種知覺理論在心理學中都占有相當的地位，在一段時期內，這種爭論還會持續下去。

(二)記憶及其發展的生態學研究

生態學的記憶研究是由奈瑟倡導起來的。生態心理學的記憶研究關注日常生活中的實際記憶問題。從一九八〇年代後期開始，生態心理學的記憶研究者開始將生態心理學和傳統取向結合起來研究記憶問題。

自一九七八年開始，奈瑟就倡導在自然背景中研究自然發生的記憶。到一九八八年爲止，他組織出版了兩本記憶的生態學研究的文集：《觀察的記憶：在自然背景中的記憶》(1982)和《記憶的再思考：記憶研究的生態學取向和傳統取向》(1988)。其中涉及到自傳式記憶、學校學習記憶、期待記憶和分散記憶、法律證詞記憶、事件記憶等等。奈瑟等人的記憶和記憶發展的生態學研究取得了豐碩的成果，我們列舉兩類具體的研究成果來分別說明。(1)關於領域知識（domain knowledge）的記憶研究。這類研究成果表明記憶只是部分地儲存知覺印象的事物，它也是聯繫現在的訊息和過去的系統的規律性途徑，過去的規律性是在特定領域中在延展的經驗上形成的。例如，棋類玩家已經看過和玩過上千場遊戲，能比初學者更好地回憶起經歷過的下棋情景。電子工程師對於電線圖表有很好的記憶；心理學家對認知實驗也是如此。因此，一種全面的記憶理論必須包括對環境訊息結構的理解，正是這些結構形成和支持了我們實際記憶的東西。(2)關於嬰兒期的記憶研究。菲沃施等人（R. Fivush, J. T. Gray & F. A. Fromhoff, 1987）發現，儘管兩歲兒童從不記得以前的事情，但是當提供正確線索時，他們會令人吃驚地回憶起過去的事件。梅爾特夫（A. N. Meltaoff, 1988）也發現，甚至更小的兒童會模仿他們在一個星期之前注意到的行爲。羅夫等（Rovee-Collier, 1989）的研究表明，嬰兒如果學會了產生一種有趣的視覺效果，他會將那種知識保持許多天或幾個星期。

因此，記憶不是在「兒童失憶症」開始的第三年突然出現的；它從開始就有一個發展的連續過程。

奈瑟等人關於記憶的生態心理學和傳統取向之間的關聯性對比研究，爲我們整合當今心理學的各種取向的研究提供了一個很好的典範。奈瑟的合作者威諾格拉德（E. Winograd）將記憶的生態心理學和傳統取向作了一番關聯性比較。他發現：首先，生態心理學研究記憶的方法——「經驗取樣方法」[9]得到的記錄，和傳統取向所使用的詞語表或故事的功能是一樣的，但是兩者的重要區別是，前者更具有生態學的意味，即其記憶素材是日常生活事件和思想的豐富的生態記錄。其次，在遺忘功能的研究中能找到以艾賓浩斯（H. Ebbinghaus）爲代表的傳統研究和生態學研究在方法論上的共同點。實際上，遺忘功能的研究對於生態心理學的研究者和艾賓浩斯一樣重要。艾賓浩斯的追隨者對學習的研究興趣大於對記憶的研究，反而很少關注遺忘研究。與此相反的是，生態心理學的研究者繼續了遺忘研究。生態心理學的研究者布魯爾（W. F. Brewer）研究出五種類型的遺忘曲線。生態心理學的研究者羅賓（D. C. Rubin）證明了：用克羅維茨等人（H. F. Crovitz & H. Schiffman, 1974）所修訂的高爾頓（F. Galton）的線索詞語方法獲得的自傳式記憶的保持功能，可以用學習詞語表的傳統任務所獲得的實驗資料爲基礎的單一軌跡數學模型正確描述。這種結論進一步說明生態心理學與傳統取向在遺忘研究的方法上有異曲同工之處。再次，著名的生態心理學家奈瑟試圖消除艾賓浩斯學派和巴特萊特（F. Bartlett）學派在記憶的建構過程的作用上的對立意見，也即消除關於記憶的正確性和記憶的建構性之間的爭論。他指出，某些社會情境導致一字不差的回憶，而另一些條件則導致建構性記憶。記憶的傳統實驗室研究和生態心理學研究之間的這些聯繫表明，生態心理學的研究並非一定要推倒傳統取向另起爐灶，傳統實驗室取向和生態心理學在方法和理論上可以相互借鑒。正如奈瑟所說的：「我相信在未來，生態學和傳統研究之間的關係更可能是互補而不是對立的……新的記憶心理學同時具有實驗範式和自然主義現象，並在理論上對它們進行一致性的解釋。」[10]

(三)思維及其發展的生態學研究

這個領域的生態學研究集中在概念及其分類和智力的研究上，這兩大塊領域的研究形成了一種集體合作和分工的氣氛，是一種相對該領域中的其他主題而言比較有組織的研究。而這兩大塊研究的領頭雁又是奈瑟，儘管奈瑟不是第一個從生態心理學的角度研究概念及其分類和智力問題的人，但是他起到了一位組織者和領導者的作用，爲這些領域的研究指引方向和總結經驗。

■日常概念分類和日常概念發展的生態學研究

概念及其分類的研究是奈瑟組織的「伊莫瑞認知課程計畫」的第一項研究。奈瑟爲概念分類的生態學研究作出了總體規劃。他提出概念分類的生態學研究可以分兩步走，第一步基本上是生態學的：考察和描述在日常經驗中使用的概念。奈瑟曾經指出，在這一步上，以羅施及其合作者們的觀點爲代表。如今，羅施的觀點已被心理學界廣泛接受，作爲代表性的概念分類理論出現在認知心理學的教科書上。他們在一九七〇年代出版了一系列卓著的研究成果。他們的研究表明日常概念有兩種不同的結構。第一種是在某種概念內部存在逐級結構。在某個日常概念中，一些成員被看成是好的或典型的例子；最好的例子被視爲「原型」。這個概念中的其他成員相對來說更加邊緣些，而且這個概念的邊界常常不好定義。例如作爲原型的「椅子」，是一種有四條腿和靠背的、常在飯廳中見到的類型。現代派的單支架的扶手椅是這個概念中更不典型的類型，而布袋似的凳子和酒吧高腳凳幾乎根本不能算是椅子。這種「逐級結構」會出現在每一種日常概念中。第二種結構是在概念之間存在一種包含幾種水準的等級結構。例如，動物、狗、牧羊犬構成一種等級結構。這種等級結構大都包含一種「基本水準」，人們可以在「基本水準」上按照知覺的和功能的標準對概念進行分類。基本水準上的分類有簡單的名稱，在兒童時代早期就已經學會，很容易被想像，並且有相當特性的原型。例如「刀」和「斧」是這樣的分類；「椅子」和「桌子」也是。人們首先學會的是基本水準的概念：幼兒使用的所有名詞幾乎都是基本水準上的概念；然後才掌握人類特定文化中的上一級概念如「動物」和「家具」，以及下一級概念如「扶手椅」和「高腳凳」。在每一個概念內，人們學會原型之後很久才能正確區分邊緣類型。這樣，有效概念使用即概念形成部分是由生態學分類所推動的。奈瑟認爲這一步形成了文化和語言概念的結構。第二步是從生態心理學的角度對概念分類進行理論研究。例如借用生態心理學的既有理論和方法來研究概念分類問題。奈瑟自己的研究就是例子。奈瑟將概念分類放在吉布森的直接知覺理論基礎上考察。奈瑟認爲，雖然知覺和概念分類之間有很明顯的區別，前者是建立在對客觀存在的訊息的直接獲取的基礎上，後者是建立在關於世界的信念的基礎上，換句話說，看見是一回事，思考是另一回事，但是知覺和概念分類常常是緊密聯繫在一起的。特別是對於概念分類的「基本水準」來說更是如此，在基本水準上，人們都能直接「看見」物體，並且有一套概念用於這些物體的分類。因此，奈瑟致力於探索知覺和概念分類之間的聯繫。奈瑟提出「概念」類似於吉布森提出的知覺的「可獲得性」術語。對一個物體進行分類，就是斷言它與一套特定的觀念有一種特殊的關係。因此，對概念和概念的全面理解不可能發生在對世界本身的全面理解之前。除了奈瑟的觀點，拉科夫（G. Lakoff）的觀點也值得注意。他非常重視理論在分類研究中的重要性。他把理論稱之爲「理想化的認知模型」。他認爲，在每一種文化和語言概念後面都存在一種或多種這樣的模型，例如轉喻（metonymic）模型和輻射（radial）模型。他認爲羅施所發現的「逐級結構」之所以出現，是因爲研究者建立的模型與世界的真實情況不是很吻合。如果某種概念的樣例越不典型，那麼就可以認爲它的理想化模型不是像它本來那樣吻合，因此在運用它的時候就會越不順暢。

在概念發展的研究上，值得注意的是，生態心理學的研究者對兒童的日常意識概念發展的研究。弗拉維爾（J. H. Flavell, 1983）發現，年幼的兒童不理解現實是一件事情，而人們怎樣經驗現實又是另外一件事情。這種失敗表現在兩個不同的實驗典範中。從兒童自己的意識角度來說，兒童常常被「外表或現實的差異」所混淆——他們沒有意識到一個物體也許看起來像一塊石頭但只是一個漆的海綿，或看起來粉色（藉由帶彩色的玻璃）而實際上仍然是白色的。從有他人意識參與的角度上說，兒童在理解錯誤的信念會遇到問題：即某人也許認爲是 X 而 Y 是真正的情況。心理學家常常認爲這樣的兒童還沒有發展一種「心理的理論」。不過，這裏討論的兒童是已經有完全控制感知覺和行爲的能力，同時也有深刻領悟語言的能力：他們不理解的只是心理。

■智力及其發展的生態學研究

・智力的生態學研究

在智力的生態學研究上，奈瑟所總結的研究同樣是引人注目的。一九九○年代，他被邀請爲美國心理學會考察團帶頭人，考察近期在智力研究中出現的矛盾問題。這也表示他的認知生態心理學研究得到了普遍承認和重視。他總結了生態心理學的智力研究主要成果有以下三個方面[11]。

第一，對智力概念的文化情境性解釋。相對於傳統的普適主義的觀點，智力的生態學研究者更注意智力概念的文化和種族差異。斯騰伯格（R. J. Sternberg, 1986）指出，有二十四位著名的心理學家對智力的概念作出過解釋。除了心理測量取向的觀點之外，值得注意的幾種觀點是：菲律賓人和越南人、土著美國人和墨西哥美國人有他們自己對兒童養育、正確教學和兒童智力的看法。除了土著美國人之外，其他國家的父母都認爲動機、社會技能和實際學校技能的特點與認知特徵相比，在他們認爲的勤奮優秀的兒童的觀念中一樣或更爲重要。希思（S. B. Heath, 1983）發現，卡羅萊納州北部不同種族的人對智力有不同的看法。

總體來說，一個人必須在被他自己的種族認可的技能中勝過他人，才被認爲是有智慧。這種對心理活動的文化性和情境性的強調，集中反映在斯騰伯格智力三元理論中的智力情境亞理論之中。它揭示了智力的社會歷史制約性，強調智力是一種主體對生存環境的適應、選擇和改造的行爲。情境亞理論規定了某一特定的社會文化背景下的智力範圍，並認爲這是任何智力測驗的編製能有效進行的必要前提。

第二，對 IQ 得分的文化變化解釋。世界各地的平均測驗分數已經穩定地上升，平均上升速率爲每十年大約三個點。因爲是弗林（J. Flynn, 1987）首先系統探討了這個上升並且確定了它的重要性，所以現在常常被稱之爲「弗林效應」。有人也許會認爲這樣一種上升早就可以顯而易見的，但是，以下這個事實——即大多數智力測驗會階段性地「回歸標準」（以保持一百的平均數），使得它很難被發現，因此，一個在當今的 IQ 測驗上得分爲一百的人，在五十年前流行的測驗中得分爲一百一十五。這個增長，特別是在所謂「文化中立」的抽象推理測驗上，表現最爲突出，其可能性解釋包括改善的營養、更好的測驗技巧和文化變化。生態心理學家傾向於第三種解釋，即文化變化。其理由是：統觀這個世紀，在學校教育上、在環境接觸上和對我們自己的生活區域之外所發生事情的整體意識方面，都有一個穩定的增長。更加複雜的環境也許產生更加複雜的心理。

第三，對傳統智力測驗的預測功能的解釋。由比納（A. Binet）設計的智力測驗是用來測量兒童在學校獲得成果的能力。實際上，他們預測學校行爲特別好：IQ分數和年級的相關係數是.50。它們也能預測學校成就測驗的分數。但成功的學校學習除了依賴智力因素，還依賴許多其他的個人因素，如毅力、學習興趣和學習意願。來自同伴、家庭和教師的鼓勵同樣也很重要，當然還有更爲一般的文化因素。兒童在學校中所學的東西不僅依賴他們個體的能力，而且還依賴教師的教學和實際所教的東西。不同國家的在校兒童之間的比較顯示了這一點。史蒂文生（H. W. Stevenson, 1992）的研究表明，日本和中國的兒童比美國兒童懂得更多的數學知識，儘管他們的智力分數很接近。這種差異也許來自許多因素，包括文化對學校教育的態度、用於數學學習的時間，以及這種學習是如何安排的。

・智力發展的生態學研究——生物－生態理論模型

在智力發展的研究中，具有代表性的是由切奇（S. J.

Ceci）等人於一九九七年提出的生物－生態理論模型[12]。這種模型主要是以生態心理學家布朗芬布倫納的多元系統理論爲基礎，論述了基因由潛性轉變爲顯性的過程，以及遺傳中負荷的環境性質和環境負荷的遺傳性質。其目的是爲了理解和預測智力的發展。藉由增加調節基因的機能的特殊環境因素，該理論模型認爲它自己比傳統模型能更好地理解和預測智力發展。生物－生態模型包含四個主要觀點，這些觀點解釋了支撐傳統模型的基礎性資料，以及它是如何在預測性和解釋性上超越傳統模型。

首先，在切奇（1990, 1993）的研究基礎上，生物—生態智力模型假定智力是一個多元資源系統。

第二，生物—生態學的觀點認爲智力發展是潛能的發展以及潛能和環境的交互作用的結果。

第三，生物—生態模型認爲最近過程（proximal processes）是智力發展的動因，它是基因轉化爲顯性的機制，它在一定程度上依賴兒童環境中較遠的資源。最近過程被定義爲發展中的兒童和其他個體、物體，以及直接背景中的象徵物之間的交互性的交互作用。布朗芬布倫納和切奇（1994）認爲，爲了有資格作爲一種最近過程，交互作用必須既持久又能導致行爲逐漸變得複雜。最近過程的效率在很大程度上由較遠的環境資源決定。以父母管理的最近過程作爲例證說明：這種管理過程是指瞭解孩子的生活軌跡，如他們是否在作家庭作業，他們放學後和誰在一起，和朋友一起出去是什麼時候以及去哪裏，等等。其父母參與這種管理的孩子一般在學校能獲得更高的分數。不過這種管理過程不是保證高分數的唯一要素；父母還必須充分瞭解他們孩子功課的內容，以便輔導他們的學習，而且父母的這種知識就是我們所說的「較遠的環境資源」(distal environment resources)。適當的最近過程隨著有機體的發展階段而變化。例如，在嬰兒期最近過程可以是看護者和嬰兒之間，如引起嬰兒注意或稍微超出嬰兒的潛能的最近區域的某項活動。在青少年期，最近過程可以是父母對孩子家庭作業的管理。布朗芬布倫納和切奇（1994）發現，當最近過程在兒童環境中達到高水準，那麼遺傳性的測量值很高，而且同時個體差異可能被削弱。這種觀點的前一部分與許多傳統測量觀點是一致的，但是後一部分與傳統不同。

第四，生物－生態學觀點認爲，動機(motivation)是解釋實證結果的關鍵性因素。簡言之，個體不僅僅被賦予某種特定認知資源的生物潛能，或只是待在促使這種認知資源實現的環境中；個體必須受到某種動因推動，才能從這種環境的影響中獲益。如果人們處於引導他們去學習科學或哲學的環境中，並且被推動去利用這些環境的優勢，那麼毫無疑問他們會獲得在這些領域中更爲複雜地思考問題的能力。

圖 5-1 是生物－生態軌跡的部分圖示，它總結和闡述了以上的主要觀點。我們看到，流程圖開始於父母基因，它們給予孩子早期的推動力和方向，最終影響到孩子的各種相互獨立的認知過程（由兒童方向發出的四個獨立的箭頭表示）。這些以基因爲基礎的多元資源庫的表現，受到看護者與兒童之間的各種活動的影響。這些活動中的一種——最近過程——被假定爲能實現基因潛能。因此，在較遠環境（爲了便於說明，分列在圖的兩邊）中的各種資源的水準，會隨著最近過程的水準變化而變化，它會導致遺傳性表現爲不同的水準。幾項實證研究支持了生物－生態模型的理論假設。例如，布朗芬布倫納一九七五年重新分析了同卵雙生子分開撫養的資料。布朗芬布倫納報告，當分開撫養的雙生子在相似的生態環境中撫養時，其 IQ 的組內相關高達.80，而雙生子在巨大差異的生態環境

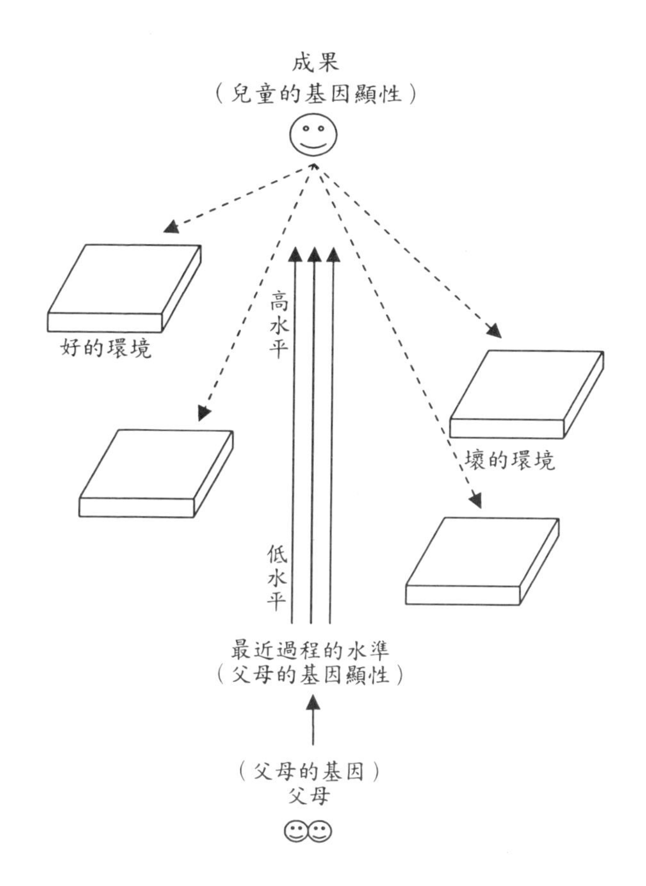

圖 5-1　生物—生態模型

平臺之間的距離代表最近過程和更整體的環境資源的不同效果。

（如農村或礦山小鎮對工業城市）中撫養時，其 IQ 的組內相關降至.28。

切奇認爲生物—生態模型與其他取向的差異主要有以下幾個方面：第一，生物—生態學觀點提出智力是多元認知能力而不是一種一般因素。第二，生物—生態學觀點認爲認知過程的功效依賴於背景（context）。而且對於背景的解釋，傳統觀點把它僅僅是看成認知的背景，而生物—生態學觀點認爲它是認知功效不能分解的有機部分，它廣泛地包括近環境和遠環境的外部特徵和它們的動力特性，還包括有機體心理表徵的內部特徵，如記憶中的某一個刺激或問題的表徵方式。第三，生物－生態學觀點認爲一些非認知能力是遺傳的，並且在智力發展中有重要的作用。如氣質類型、生理特徵和「激勵特徵」（instigative characteristics）等，都會影響後來的學習和發展。這些特徵本身受到基因系統的影響，並且對 IQ 測驗和學業成就有直接和間接的作用。第四，生物－生態學觀點不同於傳統的行爲－基因模型的地方，還在於對遺傳性（heritability）的本質和意義的解釋。生物—生態學的觀點認爲，遺傳性反映了已經實現的基因潛能的比例。最近過程在遺傳性的實現和實現的比例上扮演了很重要的作用。總之，生物—生態學模型強調「背景」在個體多元認知潛能的形成和評估中的作用。

從以上的具體研究成果中，我們可以看到兩大著名的生態心理學家吉布森和奈瑟在領導生態心理學的認知研究中，發揮了巨大的作用。他們對傳統取向的主要批評觀點引領著後人的研究，吉布森主要從反對傳統取向的哲學基礎和理論假設出發，創立了與傳統取向完全對立的理論，他的追隨者主要沿著他的這種理論思路繼續研究；奈瑟主要批評傳統取向的具體研究作法和研究內容，即傳統研究中的「人爲性」和祛背景的作法以及無意義的研究內容，因此，他領導了一批研究者從事日常生活中認知研究和尋找適合這種研究的方法，並在研究中探索與傳統取向的關聯和整合問題。

二、社會心理學的生態學研究

社會心理學是最早出現生態心理學的領域之一。從勒溫的研究中開始萌芽，到巴克等人確立了生態心理學的理論和方法，生態心理學就成爲社會心理學的一股新生力量，出現在社會心理學的各個研究領域。最具代表性和影響力的研究成果是巴克等人開創的行爲背景理論。在社會心理學的分支領域——社區心理學中，也有一批人在生態心理學的研究上取得了不菲的成績。

(一)行為背景理論

行爲背景理論是以巴克爲首的一批生態心理學家提出的。在中西部現場研究站，巴克等人用現場研究法研究兒童的行爲。他們發現了三種顯著的行爲模式：(1)當一個兒童從一個背景進入另一個背景的時候，他的行爲特徵常常發生顯著改變；(2)在同一個背景中的不同兒童的行爲，常常比他們中任何一個兒童在不同背景中的行爲更具有相似性；(3)一個兒童行爲的整個過程和該行爲發生的特殊現場之間的一致性，常常比他的整體行爲過程的某個部分與從這個現場得到的特殊（近距的）刺激之間的一致性更大[13]。由此，巴克發現，在同一個背景中的不同兒童的行爲特徵比同一個兒童在不同背景中的行爲特徵變化得更少，因此，來自藥店、算術班和籃球賽等背景中的行爲特徵比個別兒童的行爲傾向，更能預測兒童行爲的某些方面[14]。這種結論的影響是巨大的，它讓巴克徹底放棄了從個體本身去尋找解釋和預測行爲的傳統研究模式，從而轉向了在與行爲交互作用的行爲背景中研究行爲和背景關係的模式。與某種行爲特徵相連的背景就被巴克稱之爲「行爲背景」[15]。行爲背景的功能本質和心理學意義成爲巴克研究的最重要的理論貢獻，也成爲社會心理學的生態學研究的基本理論。

行爲背景是由行爲和環境的持久模式組成的動態結構。它們的動態結構是集體的、有目的的行爲與支持它們的環境的特性相結合的一個特性。這種更高秩序的模式是由行爲背景中的參與者產生的，但它反過來又構成參與者們共同的行爲，因爲個體在社會背景中容易扮演與某種集體功能相關的成員角色。威克（A. Wicker）總結了行爲背景的基本特徵：首先，行爲背景是真實的；其次，一個行爲背景的成員——行爲者和非人類的成員——相互有著一種同型的關係，即行爲和對象相互配合；第三，在一個行爲背景內部的成員關係，比一個行爲背景中的成員和另一個行爲背景中的成員關係，有更緊密的聯繫，且更相互依存；第四，行爲背景的人員的可替代性；第五，背景活動的完成有賴於人員數量的特定最小值；第六，行爲背景是自動調節的、主動的系統。威克用這些特徵給行爲背景下了一個定義:「一個行爲背景是一個由可替換的人和非人的成員組成的、有邊界的、可自動調節的和有秩序的系統，人和非人的成員爲了完成被稱之爲『背景活動』的一系列有秩序的事件，而在一個同步的模式中交互作用。」[16]其實，以上這些特徵就已經概括了行爲背景的主要內容。

行爲背景的發現具有如下意義：

首先，藉由「行爲背景」的發現，巴克揭示了「超個體的」生態現象在日常生活中所扮演的中心作用。巴克和同事們發現了個體賴以進行他們日常生活的社會背景的動態性和結構性。他們還發現了更高秩序的生態結構（即行爲背景）出現在個體和環境特點的動態相互關係之中，而且這些個體外的結構成爲一些管理個體行爲秩序的基礎。

其次，行爲背景的發現，使得巴克等人從兒童人格的研究過渡到開始對行爲背景的研究。而促使他們轉變的原因是，他們發現用傳統的方法和概念不能很好地解釋自然背景中發生的行爲。使得他們得以實現這種轉變的工具，是他們自己發明的兩種生態學研究方法。

最後，行爲背景的研究爲巴克後期倡導生態行爲科學提供了理論基礎，換句話說，生態行爲科學，在我們看來，就是巴克生態心理學的應用，其具體的理論形態爲人員配備理論（manning theory）。人員配備理論提供了一個適當的範例來說明行爲背景，作爲一個研究單位，是怎樣在社區生活的生態行爲分析中被運用的。所謂人員配備理論，簡單地說，就是論述行爲背景是如何抵抗對它們活動的各種威脅的理論[17]。人員匹配不足和人員過剩都是行爲背景的威脅因素之一。以人員配備不足爲例來說，人員配備不足是指在某個行爲背景中，用以啓動背景的必要功能的個體數量不足。人員配備不足的行爲背景產生系統壓力，迫使行爲背景中的參與者承擔數量不斷增加的任務，工作更長的時間，並且承擔更大的責任。巴克強調，中等的人員配備不足的行爲背景所提供的更多的參與活動，導致這個村鎮的居住者更大程度上的滿意感[18]。行爲背景理論與研究居住環境和行爲的生態方法，導致了社區活動和公共行爲背景之間的複雜關係的理解。

(二)社區心理學研究

西方社區心理學（community psychology）力圖理

解和關心現實生活中的人，以及應用基於這種理解的知識來改善和增進人的生活品質。社區心理學的目的是在人們的真實背景和社會系統中理解和幫助人。把人置於背景和系統之中，是社區心理學最爲突出的標誌[19]。

社區心理學的研究者斯洛特尼克（R. S. Slotnick）等人認爲，生態學包含著一系列科學典範的原則和一套特殊的價值，例如，生態學價值觀認爲，環境對人類行爲產生非常重要的影響，並認爲人們因此可以藉由對特殊環境更好的理解來解釋和控制他們的行爲。而按照對這些影響的理解程度，人們可以應用這種理解來提高人們的生活行爲效率[20]。此外，生態學的研究對象是比個體有機體更大的單位，如人口、社區、生態系統和生態圈，強調是自然環境而不是實驗室或診所作爲研究和實踐的場所。一些社區心理學家認爲，對任何社會環境的研究都必須建立在對環境的理解上，並且在實際的環境中對它進行研究，以及將研究過程本身看成是研究者與社區居民和社區環境之間持續進行的長期合作。正如特里克特和凱利所說的：「社區心理學研究是一項對社區生活中正在發生的事件流的干預，因此，必須採用生態學的研究方式。當社區研究的目的是產生知識時，它也可以作爲發展一個環境背景的基本工具。從本質上說，它會不由自主地對研究發生地產生一種影響。」[21]社區心理學的研究對象也應該放在比個體更爲整體的對象上。而過去的心理學研究對環境的理解是忽視的，特別是在社區心理學的研究中大都是個體定向的心理學研究。社區心理學家因此認爲，有必要將生態學的一些基本概念、原則和價值觀運用到社區心理學的研究中，這就形成了社區心理學的生態學研究取向。綜上所述，本書認爲，社區心理學就是一支自覺按照生態學原則建立起來的研究力量。

■社區心理學研究的生態學原則

凱利是社區心理學中較早主張生態心理學的人。他在一九六六年對生態學的原則進行改造，提出四個原則用於社區心理學的社區干預的研究[22]。

・相互依存原則

該條原則認爲，一個社區系統中的成員是相互依存的。一個社區系統中某個成員的變化會產生這個系統的其他成員的變化，如精神病院的病人的反習俗特徵，會對精神健康以外的其他系統如公正和法律實施有著重要的影響。依存性不僅僅是指社區系統成員之間的相互影響，而且還指歷時性的動態相互作用。例如，文森特（T. A. Vincent, 1983）發現，在研究的過程中，研究者和研究環境之間的關係也會成為社區系統的一部分。在所有的研究階段，研究者和環境對彼此具有非常重要的影響。

在凱利看來，相互依存性原則不僅提醒研究者注意變化的複雜性，而且指導研究者將社區看成社區干預的分析單位。它不是將研究者的注意力指向個體病人的內部特徵的分析水準。依存性的更進一層的含義是，在一個社區模式中的精神健康的專業干預，將採用與其他的專業干預不同的角色，以及在不同的環境中採用不同的策略。如在教室中和教師討論社區干預是一回事，參與社區合作諮詢又是一回事，而在診所中看病又是另一回事。相互依存原則提醒研究者注意包含在社區系統中的關係。

・資源循環原則

這個原則指出，在一個生物系統中能量的遷移揭示了包含在系統中的個體成員及其相互關係。例如，能量在循環圈中轉移，一種動物的廢棄物是另一種動物的原料。而社區干預代表資源循環方式的變化，因此，這條原則包含資源產生和定義以及分配的方式。

另外，凱利指出，在改變一個社區資源分配的干預措施實施之前，必須知道該社區資源是怎樣按自己的方式循環的；改變一個社區，必須知道它是怎樣工作的。例如，萊文（1980）對精神醫院這種社會資源如何在社區內分布問題進行研究，他發現，當一個醫院對某社區幫助不大的時候，能否關閉它都不是一件容易決斷的事。因爲從人口分布上來說，雖然這所醫院的存在不符合分配策略，但是卻對於該社區的精神病人有實際幫助，所以這種干預不宜輕易實施。這所醫院的存在符合該社區資源自己的循環方式。

・適應原則

　　環境對於生態系統中的行爲的影響並不是中立的：藉由提供特殊的資源，環境有效限制了一些行爲，卻便利了其他行爲。適應是指有機體改變它們的習慣或習性來應對可獲得的或變化的資源的過程。因此，如果環境的成員缺乏適應能力，那麼環境資源的改變就會威脅到其生存。例如，美國總統雷根（R. Reagon）執政期間，聯邦政府決定停止對臨床心理學的研究生培養提供經費。而在以前這項舉措帶來的資源極大地激發了臨床專業培訓在心理學中的發展。培養經費爲培訓機構提供了支付教師的工資和學生的生活津貼的資金。由於缺乏這項資金，臨床培訓機構得重新考慮它們的計畫。培訓機構藉由縮小培訓規模以減少開支，將學生全日制的津貼改爲半日制津貼或全部由學生支付，出售機構的服務項目等辦法來籌措研究生培養所需經費。

・演替原則

環境不是靜止的，它們是會改變的。環境的改變可能會產生對一個群體有利而對另一個群體不利的條件。最終更爲有利的群體會將其他群體排擠出去，或者在某個特定的區域由它主宰，或者一些新的恆定的水準在共享一個區域的各種群體之間形成。因此，凱利認爲，依存性原則告誡研究者在改變一個團體之前要充分瞭解它，而演替原則意味著自然和人工的變化能有助於這種瞭解。這條原則的一個很好的例證是城市居住區人口的演替。當中產階級向勞動階級居住地移居的現象發生時，這些居住區的旅館開始驅趕許多以前居住在此的福利性質的旅客，導致大批人無家可歸的現象出現。經濟強大的中產階級與貧窮階級相比，對居住的小生境（niches）有更好的競爭力。

如今，凱利的這些原則被廣泛地用於社區的精神病人的社會適應、精神病人的犯罪問題、精神病院和其他幫助性機構的資源分配，以及相應的政策制定等問題的研究之中。

■社區心理學實踐的生態學觀點

繼凱利的社區心理學的研究原則提出之後，一九六九年萊文從生態學角度，總結了社區心理學中的社區干預或幫助的實踐研究，歸納爲五個能具體指導實踐的生態學觀點[23]。

・一個問題的出現總是離不開某種環境或情境：該環境中的因素引起、激發、加深和保持這個問題

這說明心理學工作者不能將診斷工作單單指向個體的特徵，而必須學會理解環境的特性。心理學工作者必須尋找人們和環境之間失調的地方，尋找環境中的「毒素」，尋找由環境背景的不同資源導致的不同的個體適應性行爲的可能性。這個觀點也意味著心理學工作者必須離開辦公室，去學會理解問題實際是怎樣在一個特定環境中出現的。

・一個問題的出現是因為對社會環境的問題解決能力（如適應能力）受阻

相互依存性的生態學概念意味著人們和環境都是同一整體系統的部分。這個觀點說明人們在某個環境

中的適應能力，在某些方面受到環境的社會組織的性質或獲得資源的途徑的限制。實際上，這個觀點闡述的是單憑人們自己的能力而無法解決的問題。如果問題能夠解決，那麼人們的適應能力就起作用了。這種問題的解決需要系統內的短期或長期的變化。

・為了提高效率，幫助應該有技巧地安排在問題出現的適當地方

這個觀點也強調了生態心理學的作法。它認爲心理學工作者應該改變如何提供「幫助」的觀點，即不是送人們去接受「幫助」，而是應該將「幫助」帶給人們，或者更確切地說，將「幫助」帶到被界定爲有問題的人所在的環境中去。這裏的「技巧」可以是時間上的，也可以是空間上的，它有助於心理學工作者思考在問題的發展過程中「什麼時候」提供幫助是有效的。過去的「幫助服務系統」只考慮了時間上的因素，這個觀點建議幫助服務的設計既考慮時間因素又考慮空間因素。

・幫助機構的目標和價值必須與環境的目標和價值保持一致

這個觀點讓心理學工作者考慮干預的價值問題。環境具有潛在和顯性目標。如果變化措施的目標與環

境的潛在和顯性的目標保持一致的話，那麼變化過程將不會引起這些方面的抵抗。如果變化措施的價值與環境中的價值衝突的話，那麼這些變化措施將會遇到阻力。例如，在中學開設性教育和愛的藝術課程以及實踐輔導課程，有助於心理健康和預防知識的普及，但是沒有一個國家的中學允許這樣的課程實施，因爲它與這些國家的價值和目標都有衝突，這樣的提議毫無疑問地會被否定掉。

這個觀點還要求團體干預的心理學工作者注意環境中的價值和團體干預計畫的價值之間的潛在衝突。戈登堡（I. Goldenberg）在耶魯大學的心理教育臨床研討會上，以一個假定的情境闡述過這個問題。他詢問會議成員，如果一個三K黨的支部組織請求研討會幫助解決該黨組織問題，會議成員會有怎樣的反應。例如幫助該黨解決其組織成員之間的交流問題，以便能更好地恐嚇或脅迫少數民族的居民。會議成員也許有技術幫助三K黨提高交流能力，但是研討會應該接受這項任務嗎？變化和干預機構看起來好像使用的是無價值負荷的知識和方法，但是並不是所有的變化措施都是被稱道的，干預和變化機構在面對求助的時候，必須思考他們自己的價值觀問題。

- 幫助的形式必須建立在一個系統的基礎之上，使用環境的自然資源或引進能夠被演化為環境的組成部分的資源

這個觀點建議心理學工作者盡力去理解資源的性質以及一個社區是如何循環它的資源的。另外，這個觀點還意味著心理學工作者最好是引進一種能夠持續地在某個特定環境中幫助問題解決的變化措施。爲了這項變化措施能夠持續實施和影響持久，心理學工作者必須理解新的成分是怎樣與舊的小生境協調的，以及這個生態系統是如何受到這種變化的影響。以這種方式運用相互依存原則和演替原則的觀點，是取得真實的、長效的、預防性效果的關鍵所在。

以上這些生態學理論原則和具有實踐意義的觀點爲社區心理學建構了一個新的概念和行爲系統，並且廣泛運用於社區心理學的評估、干預和社區變化等研究和實踐領域，爲解決大量的實際問題打開了新的局面。

三、學校教育的生態學研究

在學校教育中運用生態心理學的原理，取得顯著

成果的研究，是對學校適應困難學生的評估和干預，並以此對學生、教師、學校和社區逐級進行評估和干預。運用的主要原理是巴克行爲背景理論和布朗芬布倫納的多元系統理論。

根據巴克和布朗芬布倫納的生態學原理，學生生活在幾種不同的系統中，包括學校、家庭、同伴以及社區背景。學生在這些背景或系統中，有時是積極的參與者，有時又是被動的參與者。其原因是學生處於一種他們在其中扮演著特殊作用又有著多樣性的環境之中，在每一個環境系統中，有著個體的期望和對個體的期望，並且有時這些作用和隨後的期待與另一個人的可能又會衝突。這種衝突會導致個體滿足環境要求的能力與環境的要求之間的失調，或環境滿足個體需要的能力和個體需要之間的失調。這種失調的原因，不是簡單地在於個人或環境，而是在於兩者之間的交互作用。按照艾韋特（F. M. Hewett, 1987）與埃文斯夫婦（S. S. Evans & W. H. Evans, 1987）觀點，當個體的特徵如能力、需要和知覺不同於生態環境中的主要力量（中介者、動因和行動者），甚至可能存在一種更大系統的潛在失調，人－環境的匹配就明顯表現爲失敗。因此，爲了充分理解這個過程，以及爲了在失調的時候進行干預，就有必要運用生態心理學的模式。

斯沃茨和馬丁總結的一種包含生態評估、生態干預和生態變遷的生態模式，就是在學校背景中對生態心理學的運用。與傳統的干預模式相比，這種生態模式「企圖從對兒童干擾的關注，轉換到兒童和微社區或圍繞兒童與社區之間的接觸點上」[24]。斯沃茨和馬丁（1997）認爲，儘管不能否認一些兒童有著生物的、教育的或社會的不足，並且這些不足都需要教育干預，但是，也要考慮兒童本身之外的背景和環境的不足。生態心理學的目標，不是將適應不良兒童孤立出來進行某項干預訓練，而是使他所在的整個系統與他協調起來（N. Hobbs, 1975）。總之，被傳統教育心理學所採用的統一的評估和干預，不再被看成是最有效的（C. I. Carlson et al., 1980; R. Schmid, 1987）。

（一）生態評估、生態干預和生態變遷

斯沃茨和馬丁將生態評估、生態干預和生態變遷看成是構成學校背景下的生態模式的三個相互關聯的重要部分[25]。這三個部分的主要內容分述如下。

■生態評估

埃文斯夫婦（1987, 1990）認爲，生態評估是建立在考察行爲是如何與周圍環境的條件和期待相匹配的概念之上。在這方面，生態評估提供了一種對問題更加全面和正確的觀點。傳統的標準評估被時間所限制，因此，被評估的只是「循環行爲」的一個狹窄碎片，它缺乏生態心理學提供的環境背景的相關訊息。另外，當沒有環境條件的訊息時，預測未來行爲的作法更是一個希望過程而不是預測過程。因此，生態心理學是必要的。生態心理學不是否定傳統評估的重要性，相反地，它們藉由對個體在其中發揮作用的相互作用的整個系統的考察，最大程度地擴大了在傳統標準的評估中獲得的知識。

斯沃茨和馬丁認爲生態評估的主要目標，是決定兒童的行爲和期望是如何與環境的要求和期望良好符合的，以及確認用以干預的行爲、背景和條件。因此，它要求一種「對所有可能的不一致的來源所作的完全的背景分析……一個學生的物理、社會、學術、行爲環境的元素都納入考察範圍，形成一種有關問題情境的整體觀點（不僅僅是問題本身）」[26]。影響一個兒童的情境因素是繁多的，而且它們共同決定行爲的具體表現。這些因素可以定位在兒童、環境或最重要的是兩者的交互作用之內。如一個兒童的氣質；兒童的個性發展；學生的可教性；教室環境；教師的容忍性，信念和期望；個體內和個體外的、生物物理的、社會的和環境的變數；物理環境（如教室背景、大小和密度、空間安排），個人交互作用（如教師的作用、學生的作用、同輩的作用），學習者的風格和學習缺陷以及（學生的、教師的、父母的、同輩的）期待；和學校環境（如管理的領導風格，與有效的學生的特徵和認知能力相關的期待），都可以引起一種不良的人－環境匹配。爲此，生態心理學的研究者提出幾種模型和工具用以評估這些生態因素〔韋爾奇（M. Welch）對教育變數的評估；坎特雷爾（M. L. Cantrell）對自然環境的評估；社會環境（莫斯和特里克特的教室評估，莫斯的家庭評估）〕。例如，特里克特和莫斯運用教室環境量表確定了引起教室差異的三個向度：關係（如支持度），目標定向（如任務定向），系統保持或變化（如規則闡述）。生態評估的正面效應，可以在萊恩漢（S. A. Linehan, 1991）對幾個嚴重被干預的學生所作的生態評估和發展評估研究中找到，他們發現由於教師的期望與評估結果聯繫在一起，一個學生的生態評估訊息傾向於比發展評估結果更能導致對學術行為過高的期望，並且這個結果能轉化為教育計畫上的成效。

■ 生態干預

斯沃茨和馬丁認為，生態評估的結果可以用於多種形式。生態評估的訊息有助於研究個體兒童、家庭和教師。它也可用於調整課程和教學指導，促進協作性諮詢和干預，計畫預防性活動以及有助於家庭和學校的重新聯繫。儘管環境的影響和人－環境的交互作用得到承認，但是在傳統取向中「干預常常成為單一向度的，並且幾乎完全將改變兒童的行為以適應某一位老師或父母的要求的作法放在中心位置」[27]。

與評估相似，干預的傳統取向強調改變兒童。西格爾（D. J. Siegel, 1981）在他的學校人員（如教育者、學校心理學家）研究中發現，一個兒童的行為和環境的期望之間的差異越大，這個學生更可能被選去參加幫助性的服務，以及更可能從一個最低限制的背景中被驅逐。但是，將兒童帶離他們的自然環境，「修理」兒童，再讓他們回到沒有改變的原有環境，情況卻仍然沒有好轉。因此，需要更加強對兒童的自然生態環境（例如家庭、學校和社區）的研究。斯沃茨和馬丁認爲生態干預企圖變化整體系統，因此，系統中所有相關的人和事都要作出適應和同化。特別是，因爲問題在於系統的失調而不是個體的一種疾病，因此，生態干預強調個體和他們所在的多元背景系統之間一致性的增長，而不僅僅是改變個體以利於系統。

從生態心理學的角度，干預考慮了個體的固有特性，但是不假設某一種策略對所有背景中的所有個體都適合。而且，干預的本質和結構也會隨著每一個兒童而變化。但是，有一件事與所有個體和背景都保持一致，那就是老師和學校人員（例如學校心理學家、管理者）、家庭、同伴和社區成員（例如諮詢員、宗教組織的成員、社區年長者）的合作和參與。按照佩吉特和內格爾（K. D. Paget & R. J. Nagle, 1986）的觀點，兒童父母在評估過程中的早期參與，有利於干預過程中的合作和協作。除了這個事實，還有幾個教育計畫提供了與家庭環境中的成員合作的直接培訓，例如，父母、家庭。

按照康諾萊（J. C. Conoley, 1988）的觀點，形成支持性的教室生態環境需要「在假定兒童也會行動之前，成人將他們的行爲統一起來」[28]。康諾萊（一九八七）提出生態干預將學校和家庭聯繫起來組成四個水準：(1)水準 1——與父母共享孩子的學校行爲；(2)水準 2——與家庭協作以提供指導管理、行爲修正計畫和社會技能訓練的訊息；(3)水準 3——父母參與學校中的活動，例如擔任教室家長或主動參與活動；(4)水準 4——以一種交互的、連續的方式在父母和教育者之間交換訊息。這些干預代表學校、家庭和社區背景中有效的正面變化的假設。例如，對學習或行爲問題兒童的家長使用「家長作爲教師的模式」，波勒斯多克（S. R. Polirstok, 1987）發現，讓父母參與教育和合作培訓導致了老師的積極知覺增長、兒童自信增長、父母行爲修正策略的有效使用增長，和社區參與的增長。生態干預不只是強調一個環境的變化，而是強調家庭和學校的背景之間的一致性。取得各個背景之間樂觀的一致性，還依賴於生態變遷的考慮。

■ 生態變遷

與評估和干預相似，從一個生態系統遷移到另一個生態系統的變遷的理論和實施，同樣受益於生態心理學的運用，「當個體長大，他們的環境擴大到包括同伴、社區和學校」[29]。對於學生，教育經驗是充滿著生態變遷：從家庭到學校、小學到中學、高中到工作地方、有時從拘留中心或監獄到社區或學校。背景的人生觀和期待和學生需要的差異導致學校教育失敗。按照布朗芬布倫納的觀點（1986），壓力和其他心理不適是變遷中固有的，可以藉由細緻的計畫和準備得到改善，即進行生態預防。爲了形成與將要在新的環境中發生的事情有關的期望、訊息和態度的指針，必須考察背景間的關係。這要求對個體和新的環境兩者準確評估。當個體進入新的環境，他所在的微系統將會發生變化。因此，當個體開始進入變遷過程並處於新的背景和在新的角色中發揮作用之後，個體、在相關微系統的其他個體以及新的微系統中的個體，必須重新考察他們對該個體的新角色和當前行爲的期望和態度。一旦變遷已經發生，並且系統有時間適應個體的新角色，隨著時間的推移仍然還有變化出現，這些變化將會影響個體的功能發揮。因此，當生態變遷過程的影響正在進行的時候，受到影響的系統中的個體間的連續的交互作用和交往就受到鼓勵。戴蒙德（K. E. Diamond, 1988）認爲，整個變遷過程的計畫著的和正在發生的交往，能夠防止個體微系統之間的相互關係的崩潰，而且有助於健康的適應。

當個體建構、變化和組織他們的環境時，他們的環境同樣也反過來對他們這樣作。環境或背景和個體的變量會交互作用，以塑造個體的行爲，個體在其中發揮功能作用的各種系統，會影響個體特有的全部行爲的獲得和保持。影響行爲的環境的各個方面由個體是如何與環境交互作用而決定，個體的特質群創造了不同的環境，因此，沒有兩個人以同樣的方式經歷環境。按照肯德勒（T. S. Kendler, 1986）的觀點，理解個體的行爲依賴於行爲發生的背景知識。理解任何個體的心理社會適應過程依賴於個體的資格和特徵如何滿足，和是否滿足人們所在的不同背景的要求。與強調個體的心理學理論相比，生態心理學概念的組合允許一種更加廣泛的和更有深度的分析。生態評估、干預和預防提供了一種必要的理論框架，指導學齡兒童、少年以及他們相關的生態網絡應對，和克服在學校期間所發生的各種多元決定和多方面的問題。

(二)生態評估工具

無論是生態預防還是生態干預，首先都要對學生所在的系統進行測量和評估。以下介紹的幾種測量方法[30]，是生態心理學研究者爲描述家庭—學生—學校的相互作用所提供的不同工具。使用這些評估工具有助於澄清交互作用的對子，如家庭—兒童、教師—學生和父母—教師的特徵。而且他們特別提出，這些工具不能單獨使用，要與另一個或其他合適的測量方法和技術一起使用。

■兒童氣質評估成套測驗

兒童氣質評估成套測驗（TABC）（R. P. Martin, 1988）[31]是對最初由湯瑪斯等人（A. Thomas, S. Chess & S. Korn）制定的氣質問卷的修訂的結果。與生態心理學保持一致，馬丁的 TABC 提供了三個等級量表，提供了父母、教師和臨床醫生對一個特定兒童（三至七歲）的氣質特徵的看法之比較。父母和教師量表各由四十八個項目組成，兒童的觀察行爲從 1（幾乎不）到 7（幾乎經常）在七點等級上被評定。臨床量表由二十四個項目組成，由主測者在評估後立即完成。TABC 量表用來測量活動水準、對社會環境的適應性、對新穎的社會刺激的趨向／規避、情緒的強度、易於分心性和持久性。作者報告內部一致性信度（α 係數）爲.85。六個月後的重測信度爲.70 至.81，而一年到兩年的重測信度爲.37 至.70。馬丁（1988）在手冊中總結了大量的效度數據，提供了 TABC 的標準和結構效度。

學生觀察系統

學生觀察系統（SOS）是兒童行爲評估系統（BASC）（C. R. Reynolds & R. W. Kamphaus）[32]的一個部分。SOS 能夠很好地對班級中的某個學生進行生態評估。它提供了一種記錄班級行爲的多向度系統，而且可以適用於常規或特殊教育班級。SOS 由三個部分組成：行爲的時間抽樣，行爲的基調和檢核表，教師與學生的交互作用。這三個部分爲臨床醫生診斷和干預提供了三種不同的質和量訊息。行爲的時間抽樣由三十個三秒鐘行爲觀察組成，在十五分鐘完成，產生關於一個兒童的不正常或適應的班級行爲的可靠訊息。因此，它提供了用寬泛的術語描述的一個兒童的行爲的頻率得分。行爲基調和檢核表允許觀察者確定在教室內最經常發生的行爲和最具破壞性的行爲。此外，SOS 記錄表還提供了空間用以記錄教師－學生交互作用，包括教師的行爲變化技術以及教師與目標學生的位置關係。SOS 還記錄了特殊的破壞性的班級突發事件（原因、破壞行爲和結果）。

SOS 採用了一種生態取向方法，爲班級中發生的寬泛的行爲交互作用提供了證明材料，而且可以反覆的使用，因此便於干預策略的評估。另外，它也可以用於比較目標兒童的行爲與班級中同伴群體的行爲。儘管它沒有常模，但是觀察者可以觀察這個目標兒童的同伴群體的兩到三個兒童作爲對照。

■困擾行爲檢核表Ⅰ（DBCⅠ）和Ⅱ（DBCⅡ）

爲了得到個體教師對某個特定學生的反應和看法，阿爾格奇納（B. Algozzine）[33]制定了兩個量表來幫助確定情緒（DBCⅠ）和學習障礙（DBCⅡ）學生的行爲特徵所造成教師的相應困擾性。DBCⅠ是對行爲問題檢核表（H. C. Quay & D. R. Peterson, 1979）的修訂，它由五十五種行爲組成，對這五十五種行爲進行從1（不困擾）到5（非常困擾）等級評定。該量表產生了四個由因素分析得出的分數：社會不成熟行爲、社會不正常行爲、生理或運動困擾行爲，以及社會化過失行爲。四個因素的KR信度係數爲.62至.93。DBCⅡ項目是關於兒童的學習障礙的特徵。這個量表由五十一個項目組成，它們又組成三個因素：一般知覺問題、難操縱行爲和社會不成熟。內部一致性（KR20）非常高（.87 至.96）。

■ Maslach Burnout 調查表 Ed（MBI）

MBI（C. Maslach & S. E. Jackson）[34]提供了可能會影響到教師－學生交互對子功能的教師特徵方面的資料。它的訊息可以解釋教師的報告，並且可以預測教師對學生的行爲變化和教室干預的容忍性。MBI 由二十二個項目組成，分爲三個方面：情感衰竭性（EE）、人格分裂（D）和個人成就感缺乏（PA）。PA 量表上的較高得分說明在成就上的較高情緒，PA 測量一個人在學生工作中的競爭感和成功的成就感。EE 測量超過限度的情感，D 測量對學生的無情感和非個人的反應。

這個量表的三因素結構得到驗證。其內部一致性信度：EE 的 α 係數是.88 至.90，D 的是.74 至.76，PA 的是.72 至.76。重測信度：EE 的是.82，PA 的是.80，但是 D 的不足，只有.60。效度上的證據如在有壓力的工作背景中的消耗分數較高。

這幾個量表與傳統的量表不同的地方是：它有意識地將學生—教師、學生—家長以及學生—教室（教室是作爲一個生態系統）等各種生態關係納入到評估中來，使得測量能夠盡可能地反映真實的生態環境的各種關係，而且每一個都可以與其他幾個相互配合使用，使用的時候可以根據實際情況靈活組合。另外，它還根據實際需要，對質和量的研究方法進行了有效的搭配使用。

（三）生態評估個案

下文引述的這個案例及其分析[35]展示了在一個生態學取向的教育評估中所包含的一些工具和作法。它考察了個體的特徵是如何與環境的其他方面（如物理的、社會的和個人的）交互作用。評估的方面包括物理環境、兒童氣質特徵、環境中重要的其他方面的影響，以及個體及其所屬的亞系統的所有成員之間的吻合度。

托尼，七歲，男性，被他班主任 P 女士指定到兒童學習小組（CST），原因是班主任所說的情緒問題。他現在上二年級。托尼學校的 CST 由校長指定的一位「負責」老師，目標兒童的班主任，一位專門的教育者，一位學校心理學專家，學校的校長助理和其他這個目標兒童所需要的專家組成。這個特殊的小學還承諾提供家庭參與的便利條件，因此，作爲一個規則，父母要參與 CST。經過三個星期，多方面的訊息資源蒐集到了，其中許多資料都是生態心理學的。

・以往的記錄

這個記錄包括一些可能會影響托尼與他的教育環境之間交互作用的生理因素。托尼的個人案卷包括由托尼母親提供的歷史訊息和學業訊息。托尼是四個孩子中最小的一個，與他的兄弟姐妹（八、十一、十五歲）和親生父母生活在一起。個人案卷中的訊息還顯示出母親懷托尼的時候非常艱難，經歷了孕婦抑鬱症，並且在懷孕期間沒有達到足夠的體重。托尼早產四個星期，非常小而且還患有小兒黃疸病。在允許回家之前，托尼在護理室待了五天。病史記錄他有過敏症，得過許多回扁桃腺炎，還得過肺炎，有過一次事故致使下顎縫過針。托尼現在接受免疫療法，因爲他對大多數食物和環境過敏。

記錄還顯示他在語言和運動發展上遲緩。語言遲緩是在托尼四歲時被確認的，並接受了一種語言或言語治療。治療取得了一些療效，當托尼進入一年級時只有一點點語言遲緩。由於疾病和經常缺席，托尼在幼稚園多留了一年。從那時起，托尼取得了令人滿意的學業進步；可是，過去幾個星期他的表現開始變得糟糕。另外，儘管他比班上其他同學大一歲，但是身材卻更小。

・教師和父母的訪談

對托尼的生態系統中的重要人物的訪談，提供了關於托尼在他環境的兩個亞系統中的表現：教師－學生子系統和父母－兒童子系統。訪談也提供了這兩個亞系統的要求和托尼是如何處理這些要求的。他的老師報告托尼的情感問題在他上學期間的早期就很明顯。實際上，她報告她對托尼在班上的第一天表現感到有些「吃驚」，當時他與送他來的母親分離很困難。P 女士計畫在那天的頭四個小時作戶外身體運動。托尼來得很晚，他和他母親發現班上同學都在操場上參加一種競賽性的體育活動。她報告說甚至當她耐心地哄他時，他才很勉強地參加了活動。P 女士認爲他的母親那天很「溺愛」他，而且這成爲托尼上學期間的一種模式。她報告說：「那以後我知道我必須中止我的工作」，以及「兒童必須學會獨立，也許他們從沒有這樣作過」。P 女士指出她在幾個場合中盡可能地幫助托尼，但是她的努力導致了他在情緒上變得很不安，有時甚至眼淚汪汪的。她報告托尼「看起來很難過」，感情很容易受傷，對社會和競爭情境表現出很退縮，而且過度膽小。她還報告當托尼在班上被叫起來的時候，他「發抖」並且拒絕「開口」。她說當這種情況發生時，她就繼續讓另一個學生回答這個問題。P 女士說她希望幫助托尼，但是不知道怎樣作。

托尼的母親，E 女士，也參與了訪談。她報告她後來才知道托尼在學校裏不像以前那樣表現好了。她也注意到他似乎不再喜歡學校，而且對他來說，早上的「出發」變得更加困難了。她說她知道 P 女士真的很關心托尼，她爲此很感激。E 女士指出，她非常感激托尼去年的老師，因爲她非常支持托尼，以至於他實際上開始從他的害羞中走出來了一點點。她進一步說她「很難過」，因爲她不能更經常地從工作中抽身出來，像 P 女士所希望的那樣來到學校。但是她必須工作，而且交通也是一個問題。她說到她盡力幫助托尼做作學校的功課，但是她說「自己在學業上水準也不高」。可是，托尼的大姐在學業上「一直很優秀」，而且很擅長幫助小的孩子們。E 女士每星期工作六天，每天十二個小時，她和大女兒一起「剛剛能應付過來」。當托尼回到家裏，他一直在他的姐姐和哥哥們的照看下，直到他的父親或母親下班回來。當他更小的時候，他「常常不太舒服」，而且這時，比他的姐姐哥哥們更加容易生病。因爲這個原因，他得到父母和姐姐哥哥們相當多的關注。她還說托尼在鄰居中參加正常的遊戲活動，如，騎自行車，玩棋類遊戲，不過，相對於更大的群體，托尼更喜歡與一兩個朋友玩。他不像他的哥哥（比他年長二十個月）是一個「刺激探索者」。她還報告托尼獨自玩的時候相當快樂，而且這也是其他家庭成員的共性。儘管他比他的姐姐哥哥們「更容易哭」，但是她相信他不是特別的難過或過度的情緒化。

托尼以前的老師 T 女士也參與訪談，她說托尼是一個「可愛而敏感的」小孩。她說他一開始對教室「很害怕」，但是過了一段時間他就變得活躍了。儘管他繼續表現出對情境和背景的變化有困難，但是他在和她以及家人的交流後就領悟了。

・觀察資料

評估的觀察方面不僅提供了班級的物理環境，而且還提供了目標兒童的行爲和在班級環境中他與教師和同伴的交互作用。觀察者蒐集理解相關亞系統的資料和目標兒童與他們交互作用時的行爲特徵。

班級在三次場合中被觀察。第一次是非正式的並且集中於班級的物理特徵和一般動態。在這次場合中，有二十四個學生在教室中，男生和女生數目幾乎持平。在物理特徵上，教室安排了五排桌子，每排六張。托尼被安排在第三張最右邊。光線很充足，而且溫度很適宜。教室可以形容爲熱鬧的，但是不吵鬧。這個早上教室裏有一位助理員（這是每天上午八點到十一點十五分的通常情況）。老師在熱情地組織一大群兒童進行數學接力活動，而助理員帶著一小群兒童在進行閱讀活動。P 女士表揚並鼓勵了那些積極參與活動的學生。

另外兩個觀察（每一個十五分鐘）使用了 SOS（學生觀察系統），包括了對托尼、對作爲對照的同伴、托尼和他們分別與其他同學的交互作用和與老師的交互作用的直接觀察。對兩個觀察時間段的資料進行彙總。一個隨機選擇的男同學（同伴一）和一個由老師選的「積極」同學（同伴二）作爲同伴對比。SOS 的時間取樣部分揭示了托尼對教學表現出與其他兩個同伴相似的反應。托尼被記錄的同伴交互作用比其他兩人更少得多，儘管值得注意的是，同伴一在這種行爲上的表現與同伴二比較時也相對較低。托尼比其他兩人表現出更經常地不專心和軀體化行爲。教師位於黑板旁指導幾個學生作功課；托尼不在他們中間。托尼一般都很安靜地坐著，在三十秒到四十五秒期間巡視著教室。同伴二卻非常活躍，熱情地揮舞著手回答老師提出的問題；在觀察期間每五分鐘一次他被叫到回答問題。

・評定量表

這個部分使用的評定量表提供了在目標兒童即托尼的環境中的不同交互對子或亞系統中，與托尼的行爲有關的訊息。另外，它們還提供了在這些對子或亞系統中的要求和期望的差異。

托尼的行爲或氣質在多種背景（家裏和學校）中評估。托尼的母親、父親和老師完成了兒童氣質評估成套測驗（TABC）。父親和母親在所有的氣質向度上都把托尼評定在一個相似的模式中。可是，父母和老師之間的評定卻不一致。特別是，與托尼的父母相比，他的老師把托尼評定爲更不活躍、更不適應環境的變化、更可能從新的社會情境中退縮。所有評定者都記錄了托尼很難堅持完成困難任務，而且老師將托尼評定爲比他的同齡人更加容易分心。值得注意的是，這些不一致要麼可能反映在這些背景中所展示的行爲按照環境的不同要求變化，要麼反映在相關的背景中的評定者對特定行爲有著不同的期待或容忍性。

・容忍性水準

在教師一學生對子中，教師容忍性的訊息將有助於更好的理解教師對目標兒童的特定班級所持有的行爲期望。

最後使用的工具是 DBC I，它是用來評定什麼樣的兒童行爲被老師認爲是令人煩擾的，而不是對目標兒童的行爲測量。從 DBC I 得出的一項最值得注意的訊息是，P 女士認爲「社會不成熟的」行爲最令人煩擾。

・生成假設

關於托尼的行爲困難的起源假設都來自以上提到的多種來源的資料。這裏討論其中兩條假設。每一條都可能導致報告給兒童學習小組（CST）關於托尼的困難。

第一，班級要求和托尼的氣質特徵之間存在不一致。P 女士的期望也許是一個兒童要擁有某些特徵或品質。托尼不擁有這些品質，也許源於他的氣質特徵，這些氣質特徵反映出一個「緩慢活躍起來的」或謹慎的小孩。症候的形成常常是這種不一致造成的。在托尼的案例中，他好像不快樂並且正在形成對學校的不喜歡，而且這種不喜歡正在把他推向一種對學校病態恐懼反應的危險狀態。這種假設被托尼的氣質評定、以前在學校成功經驗的歷史、對 P 女士與托尼和他的同伴之間的交互作用的行爲觀察所支持。托尼好像是一個有著對新的或不同的情境或對兩者「緩慢活躍起來」的氣質特徵的年輕人。可是，也有證據表明只要給予一段時間和支持性的環境，他能夠適應情境。

在這個假設中，在亞系統的成員之間存在不一致，換句話說，兒童特徵和現有學習環境之間的要求的不匹配，是這個兒童在學校困難的原因。

第二個假設是 P 女士擁有一種對社會性不成熟行爲特別強烈的不容忍性，也即是托尼被報告所擁有的那種行爲。其他人如托尼的父母和前一位老師也報告了相似的行爲，然而不認爲托尼是一個問題小孩。一個看護者對某一類行爲的敏感性或厭惡，也許會導致他或她更加否定地報告這些行爲，因此也需要注意。

在第二個假設中，不一致又一次出現在學生－教師的交互對子中，但是更爲特別的是，老師特殊的不容忍性（社會不成熟行爲）水準，可能足夠引起她將這個孩子知覺爲有問題的，而其他人卻不這樣認爲。

還有其他的假設就不在這裏一一陳述了。以上這些蒐集的資料對於正確評估出現的問題是重要的，而這對干預策略的正確選擇具有指導意義。傳統的評估和干預常常是注重改變兒童的某些方面。當評估策略改變了，相應地干預策略也要改變。在托尼的個案中，其他因素也有助於干預的制定，例如他廣泛的患病歷史，教室中的位置安排，由P女士報告的問題行爲的前因後果等等。

在生態心理學的理論中，兒童被認爲是社會系統的一個部分，因此，要求改變的不只是兒童，還有環境和組成環境的個體。對於干預，更重要的是對於預防，也許要增加教師對氣質的個體差異和兒童其他特徵的敏感性，同時也幫助他們更多地意識到自己對這些差異的反應。一方面要強調改變看護者對困擾行爲的反應。另一個策略是按照這位教師容忍性的水準或按照教師和兒童的適應性特徵，將一個問題兒童（表現出問題行爲的）和教師進行匹配。

註 釋

[1]董奇，《心理與教育研究方法》，廣州：廣東教育出版社，1994年，第50-60頁。

[2]賈林祥，《認知心理學的聯結主義理論研究》，南京：南京師範大學，2002年，索取號：B842.1/10.113。

[3]L. E. Gordon, *Theories of Visual Perception*, Great British: John Wiley & Sons Ltd., 1989, p.146.

[4]J. J. Gibson, *The Ecological Approach to Visual Perception*. Boston: Houghton Mifflin, 1979, p.149.

[5]L. E. Gordon, *Theories of Visual Perception*, Great British: John Wiley & Sons Ltd., 1989, p.181.

[6]奈瑟在一九六七年出版的《認知心理學》書中認為，幾乎所有的認知過程如速示知覺、常規注視、記憶和問題解決等都是「建構的」。在受到吉布森的影響之後，他在一九七六年出版的《認知與現實》書中認為，知覺是對環境訊息的直接選擇和獲取。

[7]埃莉諾・吉布森的生態知覺發展理論詳見王振宇，《兒童心理發展理論》，上海：華東師範大學出版社，2000年。

[8]王甦、汪安聖，《認知心理學》，北京：北京大學出版社，1992年，第31-38頁。

[9]詳細作法見本文的第四章。

[10]U. Neisser, *Remembering Reconsidered: Ecological and Traditional Approaches to the Study of Memory*, New York: the

Press Syndicate of the University of Cambridge, 1988, p.3.

[11]U. Neisser, "Intelligence: knowns and unknowns", *American Psychologist*, 1996, 2, pp.77-101.

[12]S. J. Ceci, "A bio-ecological model of intellectual development : moving beyond h^2", In R. J. Sternberg & E. Grigorenko, *Intelligence, Heredity, and Environment*, Cambridge university press, 1997, pp.303-322.

[13]R. G . Barker, *Ecological Psychology: Concepts and Methods for Studying the Environment of Human Behavior*, Stanford, CA: Standford University Press, 1968, p.152.

[14]R. G . Barker, *Ecological Psychology: Concepts and Methods for Studying the Environment of Human Behavior*, Stanford, CA: Standford University Press, 1968, p.152.

[15]巴克對行為背景進行的最早描述出現在一九六五年，他在《美國心理學家》（第二十卷）上發表的〈生態心理學的探索〉一文中。

[16]A. W. Wicker, *An Introduction to Ecological Psychology* , NY: Cambridge University Press, 1979, p.12.

[17]A. W. Wicker, *An Introduction to Ecological Psychology* , NY: Cambridge University Press, 1979, p.71.

[18]例如，在中等的人員配備不足的城市中的居民人均工作八小時，而嚴重人員配備不足的城市中的居民人均工作十六小時以及人員富餘的城市中的居民人均工作四小時，三種城市居民的滿意感相比較，以第一種城市中的居民的最高。

[19]左斌，〈西方社區心理學的發展及述評〉，《心理學動態》，

2001 年第 1 期，第 71-76 頁。

[20]M. Levine, Principles of Community Psychology: Perspectives and Applications, Oxford University Press, Inc., 1987, p.77.

[21]E. J. Trickett, J. G. Kelly & T. A. Vincent, "The spirit of ecological inquiry in community research", In E. C. Susskind & D. C. Klein, *Community Research: Methods, Paradigms, and Applications*, New York: Praeger, 1985, pp.283-333.

[22]M. Levine, *Principles of Community Psychology: Perspectives and Applications*, Oxford University Press, Inc., 1987, pp. 81-85.

[23]M. Levine, *Principles of Community Psychology: Perspectives and Applications*, Oxford University Press, Inc., 1987, pp.93-95.

[24]W. C. Rhodes, "A community participation analysis of emotional disturbance", *Exceptional Children*, 1970, 37, pp. 309-314.

[25]J. L. Swartz & William E. Martin, "Ecological psychology theory: Historical overview and application to educational ecosystems", In *Applied Ecological Psychology for Schools within Communities*, Lawrence Erlbaum Associates, Inc., 1997, pp.3-27.

[26]W. H. Evans, etc., "Making something out of everything: The promise of ecological assessment", *Diagnostique*, 1993, 18, pp.175-185.

[27]S. S. Evans & W. H. Evans, "Behavior change and the

ecological model", *The Pointer*, 1987, 31(3), pp.9-12.

[28]J. C. Conoley, "Positive classroom ecology", *Behavior in Our School*, 1988, 2(2), pp.2-7.

[29]K. E. Diamond etc., "Planning for school transition: an ecological-developmental approach", *Journal of the Division of Early Children*, 1988, 12, pp.245-252.

[30]L. R. Gaddis & Leilani Hatfield, "Characteristics of the learning environment: students, teachers, and their interactions", In Jody L. Swartz, *Allied Ecological Psychology for Schools within Communities*, Lawrence Erlbaum Associates, Inc., 1997, pp.31-55.

[31]R. P. Martin, *The Temperament Assessment Battery for Children*, Brandon, VT: Clinical Psychology, 1988.

[32]C. R. Reynolds & R. W. Kamphaus, *BASC Behavior Assessment System for Children: Manual*, Circle Pines, MN: American Guidance Services, 1992.

[33]B. Algozzine, "The disturbing child: A validation report", Research report No.8. Minneapolis: University of Minnesota: Institute for Research on Learning Disabilies, 1979.

[34]C. Maslach & S. E. Jackson, *MBI: Maslach Burnout Inventory Manual*, Palo Alto, CA: Consulting Psychologist Press, 1986.

[35]L. R. Gaddis & Leilani Hatfield, "Characteristics of the learning environment: students, teachers, and their interactions", In Jody L. Swartz, *Allied Ecological Psychology*

for Schools within Communities, Lawrence Erlbaum Associates, Inc., 1997, pp.31-55.

第六章
生態心理學之評價和展望

一、孰優孰劣：生態心理學之評價

生態心理學擁有一套自己的思想。生態心理學是心理學研究的一種研究態勢，同時也是心理學研究的一種理論指導或方法論，它爲心理學研究確立了幾大原則：交互作用原則、立足現實生活研究原則、多元交互解釋原則、多元方法相結合的原則等等，又爲具體的心理學研究提供了一個很有效的指針：生態效度，並且還提供了各種具體的研究技術、策略和方法，並身體力行，取得了許多具體的心理學研究成果，如直接知覺理論、行爲背景理論、多元系統理論、生物—生態智力模型理論等等。它與其他取向最大的區別就是立足現實生活，從研究取材，到研究對象，再到研究策略和方法，它都離不開現實生活這個中心。它既有一套不同於傳統心理學和後現代心理學的哲學基礎和理論假設，又有一套在自己的研究實踐中發明和改進的技術和方法，爲心理學研究提供了一種新的思路和模式。但是這並不是說生態心理學就是完美無缺的，它也有自身的一些缺陷和不足，如何看待它的優勢和不足，在今後的心理學研究中揚長避短，以及與其他取向一起取長補短，是值得我們深思的。

(一)生態心理學之優

在評價一種心理學研究取向的積極方面時，一個重要的問題就是看它能否爲心理學研究中存在的突出問題的解決提供思路，爲心理學研究的未來提供一種有發展前途的研究方向。這兩個方面正是生態心理學的優勢之所在。

■ 為解決心理學現階段的重大理論問題提供了一種正確的方向

・生態心理學既有科學主義精神，又有人文主義精神，它的出現可以緩和兩大取向的對立，並為它們的融合提供平台

生態心理學是與崇尚科學精神的主流科學主義心理學同時發展的，它必然受到一些現代精神的影響，換句話說，它保留著科學精神的一些主要特徵，即仍然在生態心理學的各種研究中運用實證方法和因果分析。不過生態心理學的實證方法對原有實證方法作了一些改造，企圖克服原有方法的「人為性」缺陷。它將實驗室研究固有的嚴格性移植到自然真實的環境中去，其因果分析也由原來的線性分析向多元分析轉變，但其主旨還是想揭示變量之間、現象之間的因果關係，尋找心理和行為發生的原因。生態心理學既強調研究的真實性（生態化的表現），又重視研究的嚴密性（科學性的表現）。這樣，它既保留了主流科學主義在心理學發展中的積極作用，又祛除了它給心理學帶來的弊端，如方法中心論、普適性原則、價值中立原則等等。生態心理學主張在日常生活的實際狀態中研究人的心理和行為，要求將心理現象與整個環境聯繫

起來考察。它既包含著一種整體觀，即「整體關係比簡潔的、有限的、用實驗室方法加以驗證的關係更重要，人的整體狀況比某一個因素更重要，人與自然的和諧發展比單一人的發展更重要」[1]；又強調人和環境的差異性或地域性，認爲不同的環境對人的影響是不同的。這就在一定程度上消解了絕對的普適性原則，而與人文主義的整體性、歷史性的特徵相吻合。同時，它還包含著一套特殊的價值觀[2]，既承認研究者和被研究者的價值負載，還承認研究本身的實用價值，如認爲環境對人類行爲產生非常重要的影響，並認爲人們可以藉由更好地對特殊環境影響的理解來解釋和調控人們的行爲，並應用這種理解來提高人的生活行爲效率。這樣生態心理學就消解了主流科學主義的價值中立原則，與人文主義的價值介入原則相一致。另外，生態心理學還接受並採用人文主義研究使用的一些主觀經驗方法。這些特點等於是贊成人文主義的一些觀點，並消解了人文主義所批判的主流科學主義的主要缺陷，拉近了與人文主義的距離。

但是生態心理學絕不是要消解人文主義和主流科學主義，它只是有助於消除兩種取向對立所造成的心理學分裂惡果。它使得科學技術在運用的時候更加人性化，更加具有現實性，改變過去人們用科學技術的客觀化來取代對研究對象的人文關懷的狀況。但它不因爲過去人們對科學技術的極端化運用，就拋棄科學技術和實證方法。有人認爲「技術扼殺了人性」[3]，這是對科學技術不公正的批評。真正扼殺人性的是人們對技術的盲目崇拜，過分誇大科學技術的作用和濫用科學技術。從心理學的研究對象的特殊性和人們認識事物的規律來說，心理學既需要人文主義的研究方法和思維方式，也需要主流科學主義對事物的科學探究精神、技術和方法。生態心理學的主張，從它的生態哲學背景和它的生態人性觀，都避免了科學技術在心理學研究中運用的非人性化。

・生態心理學建立在生態哲學基礎之上，在心理學整合問題上提出了新的發展方向

生態心理學是處於生態哲學的基本原則之下而在具體的整合方法之上的整合途徑的中間層面。它既有整合的哲學觀作支撐，又有針對分裂問題的具體對策。從哲學觀的層面上來說，它是生態哲學在心理學中的反映。它把心理現象看成一個有機聯繫的整體，看成整個生態系統的有機部分，與生態環境相互作用相互聯繫；同時又主張心理的地域性和差異性，但這

種差異性是有限度的或者說局限在一個特定的差異範圍之內，這樣就消解了同一性與差異性之間的對立。由此看來，它的哲學觀包含著整體性和多樣性的辯證關係。一方面，它對多樣性的承認符合心理學的研究對象的複雜性特徵，這就不會將心理學的整合弄成簡單的劃一；另一方面，它對整體性的肯定爲實現心理學成爲一門統一學科的要求提供了可能性。這是因爲，它既具有主流科學主義的優點，又具有人文主義的優點，有助於它們的融合；針對各個心理學領域的分化來說，它的主要觀點已經滲入了各個領域，如認知心理學、發展心理學和社會心理學等學科，它可以成爲將各個學科整合起來的一條主線；針對心理學理論與實踐脫離而造成的分裂與破碎來說，它主張心理學理論與現實生活結合，而且在技術層面上，它已經發展出一套有效的方法，爲在現實生活中研究心理學的現實問題提供了可能性。生態心理學不僅對心理學理論發展有重大影響，而且在具體的心理學應用領域也發揮著它獨特的作用。生態心理學作爲一種大的理論態勢，已經深入到心理學研究的各個層面，包括心理學的實際應用。在教育心理學、管理心理學、環境心理學和治療心理學中，都有關於生態心理學在實際中的具體運用。如在心理治療上，已經形成了一種生態學理論和心理治療相結合的「生態系統心理治療」[4] 方法。這種方法側重於將個體置身於社會和家庭中進行治療，改變了傳統以個體為主的治療模式，它對於夫妻家庭諮詢和治療或生態治療計畫都產生較深遠的影響。

・生態心理學是對主流心理學研究前提的超越，為心理學提供了正確的人性觀，是推動心理學向正確方向發展的生力軍

所謂研究前提是指研究者提出某一理論時理論思維的邏輯起點範疇。從人性假設的角度來說，每種理論流派或取向出現時，都是以它們對人性的認識為理論前提。行為主義的人性觀是外因論。它把人看成是生活環境的被動犧牲品，人的生物本性是長期自然選擇的結果，而道德觀念和社會行為是社會選擇塑造而成的，因而，人沒有自由選擇的意志，一切行為皆由環境刺激所決定[5]。因此，行為主義把一切帶有主觀色彩的概念都排除在行為主義體系之外，行為主義被人們批評為「無心理的心理學」。精神分析的人性觀是以人的生物本性為基礎的，這種生物化傾向實際上也抹殺了人性。認知心理學包含著「人是機器」的人

性假設，人機模擬使得認知心理學陷入了困境。人本主義心理學的人性觀的基本假設是：每個人都具有一種實質上是生物基礎的內部本性，在一定程度上，這種內部本性是自然的、內在的、特定的，而且在某種有限的意義上講，它是不能改變的。

我們看到，以上流派的人性觀都有機械主義的痕跡，這些建立在機械主義哲學基礎上的人性觀難以滿足現代心理學發展的需要，因此，急需一種新的人性觀來指導心理學的發展。其實，生態心理學中包含著一種生態人性觀。這種新的人性觀認爲：「人性在本質上，是一種生態性的存在，是人性構成的內在因子之間健康、互動、有機的關係性存在，人性中包含有一個個有機的因子，它們只有在一定的人性生態中才具有現實性和合理性……對人性的生態把握以『多元性』爲其基本內涵和合理性標準，人性的現實性在於多個因子形成有機生態並發揮其功能，人性合理性在於多因子的整體合理性……對人性的生態把握，不在於具體的某一人性因子，如理性、主體性、自由、人道或是感情，而是這些具體因子所共同構成的有機體……對人性的生態把握關鍵在於與各人性因子之間的互動性，人性各因子之間是平等、互動的健康關係，這是人性生態的價值標準……主體間性或主體際性是主體性在新時代的全新闡釋，同時也是人性的高級體現，它隱含著每個主體內部的人性因子之間是平等互助的前提。」[6]從這樣一種人性觀出發，將對解決心理學的基本問題提供更加寬闊的思路。它可以把心理學的基本理論問題，如身心問題、環境與遺傳、心理學的實質等等重新回爐探討，從後現代與現代之爭中超脫出來，站在一個新的角度，作一些分析。

・它比當前幾種研究取向更具有自己獨特的適合心理學發展的空間

與實證研究比較，自不待言，它是實證研究的新的生長點，既汲取了各種研究取向對實證研究的批評的有益之處，又剔除了傳統實證研究的缺點，如客觀主義、絕對主義、機械主義、人爲性和主客二元論。其實，實證研究並非一無是處。「孔德（A. Comte）把實證一詞解釋爲：真實的、有用的、肯定的、精確的、積極的、相對的。但他把『真實的』解釋爲：一切知識都必須以被觀察到的事實爲出發點，而非形而上學的玄思；『有用的』解釋爲必須求實在，反對滿足人們的無用的空泛好奇心；『肯定的』是致力於個人以及人類精神的一致，反對對那些不著邊際、懸而未決的問題抽象議論；『精確的』是指宣導觀點的明晰和堅定性，與曖昧和模糊性相對立；『積極的』意味著組織和建設性，反對形而上學對現實的否定與破壞……」[7] 如果把這幾個詞重新解釋，即把它放置於生態心理學的思想背景中，它們就被賦予了一種新的含義。「真實的」可以定義爲以心理現象發生的實際情境爲出發點；「有用的」定義爲與實際生活有關的；「肯定的、積極的、相對的」解釋可以保留，那麼可以從過去的實證含義向新的實證含義轉換。實證研究作爲一種方法，本身只存在一些技術上的缺陷，最大的問題是人們在使用它的時候，把它絕對化和機械化。後現代主義在批評實證主義心理學時，把「實證方法」和「唯實證方法」混爲一談。應該說，後現代主義批評的是後者，即人們使用它時發生的觀念錯誤。當然，方法與觀念有時是一體的，錯誤的觀念也會導致方法設計上的錯誤和缺陷。比如，實驗方法的「人爲性」缺陷，其原因既有技術水準本身的局限，又存在研究者觀念上的偏差，即認爲只要使用實驗方法，就能得到對心理現象的客觀研究。因此，生態學從觀念和技術兩方面對實證主義心理學進行了改造。從觀念上講，不把實證研究作爲唯一的方法，不追求實證研究的絕對的客觀性，而主張研究應立足於現實生活，將對真實性的追求代替對絕對客觀性的追求；從技術上講，它發展了與這種生態學觀念比較一致的方法，如準實驗設計、現場觀察和多元方法組合等等。從後現代心理學家歸結實證心理學追求的四大主題——外在合法化（即竭力效仿自然科學）、普適性（即理論法則具有不受約束的普遍適用性）、抽象性（即謀求假設—演繹的抽象合理性）和可通約性（即要求用數量表示的行爲理論要有綜合的視界）[8]上說，生態心理學改造了前面兩點，它認爲不是竭力效仿，而是適當地借鑒某些自然科學的作法，理論法則的運用不是不受約束，而是有一定的背景要求。在新的生態哲學基礎上繼承了後兩點。

生態學研究比跨文化研究的優勢在於：生態情境可大可小，跨文化主要是從民族文化來說，生態情境可以大到指民族文化，小到指研究的當前生態環境，還可以看成包含大情境和小情境的整體系統，所以它的研究更全面，更有彈性，更適合心理學研究對象的複雜性。實際上，廣義的生態學研究包括了跨文化研究。它們之間的區別除了在外延上的差異之外，還有一點重要的區別是，它們在心理學研究歷史中所發揮的作用和對心理學研究的意義不一樣。過去心理學中的跨文化研究一直處於對主流實證心理學的補充地位，往往是對主流心理學的研究成果作一些不同文化背景下的驗證性和對比研究，真正自己開創的研究並不多，其原因是它在研究設計和研究方法上仍然借鑒主流文化下的實證研究，而主流文化下的實證研究的思路和方法並沒有改變，因此它的問題會隨之出現在新的文化背景下。生態心理學的研究是從根本上對主流心理學的修正，剔除主流心理學中的錯誤假設，修正其方法，使得它的研究與實際背景中的對象的真實情況吻合起來，其方法的運用更具有針對性和伸縮性。從表面上看來，生態心理學的研究設計和方法的適用範圍縮小了，而其實對其他相類似的研究的借鑒意義更大。因此，與早期跨文化研究相比較，生態心理學不是對主流心理學進行小的修補，而是對主流心理學的整體改造。從總體上說，生態心理學從方法論和內容上都對心理學研究產生了重要意義，而跨文化研究更多的是從內容上豐富和發展心理學。雖然，生態心理學與跨文化心理學有這些區別，但到了一九八〇年代末，隨著兩者交流越來越密切，兩者的共同之處越來越多，在跨文化生態情境中，逐漸出現了兩者膠合的現象，比如出現了科爾的生態文化學理論。

生態心理學贊同後現代主義研究對現代主流心理學的普適性原則、價值中立論、機械反映論（鏡像反映論）、機械決定論、還原論和主客二元論等等的批評，但不贊成後現代心理學的不確定性、極端相對性、極端多元性和非理性。雖然這種對後現代的不贊成，它沒有明確提出，但從它自己的主張和具體實施的研究中，我們可以推論到，生態心理學主張一定條件下的確定性、證實性和有限相對性。它認爲在一定情境範圍內，還是能作出相對有效的判斷；在具體的情境中，在具有較高的生態效度和內部效度下，它仍然尋求理論的預測和調控作用。傳統實證心理學的立論的確有很多誤導心理學的地方，但後現代心理學也並非是心理學發展的一條切實可行的道路，它自身同樣存在很多問題，它引領心理學走向一個更爲開放的境地，但卻存在消解心理學科學的危機。生態心理學雖然有著不同於傳統實證心理學的哲學基礎，但它沒有完全拋棄傳統心理學的研究成果，而是實證心理學的良好改造；生態心理學吸取了後現代主義的有益批評，但仍保持了清醒的頭腦，沒有完全被後現代主義淹沒和吞併，它沿著自己的思路在不斷的發展。總之，生態心理學是走出傳統實證心理學、後現代心理學的理論誤區的正確方向。

■為心理學研究提供了一種新的發展途徑

・為理解和研究心理學的對象提供了新的視角

生態心理學的研究對象與傳統心理學的相比，有兩個較明顯的改變。一是生態心理學把心理學的研究對象定位在動物（人）一環境交互對子，而不是定位於單純的人身上，使得心理學研究可以在更加真實的背景中研究傳統的心理學主題，如知覺、記憶、思維等心理現象和行爲，並因此對於這些主題的認識也更加符合它們真實的狀態。過去單純地以人爲對象，在考察那些主題的時候，容易忽視這些主題所發生的真實背景，得出的結果不能得到推廣，降低了心理學的實際效用。生態心理學對心理學研究對象的重新界定，可以在一定程度上，改變心理學過去與現實脫節的狀況。二是生態心理學的研究使得心理學的研究內容從個體定位研究（個體傾向性特徵、個體結構和個體內部過程），或者內部機制研究即皮膚內心理學，或者布倫瑞克所說的「被包裹的心理學」，轉向人一環境交互性的研究。這種改變擴大了心理學的研究思路和研究模式，使得心理學研究不僅要考慮個人內部等自身因素，而且要考慮個人與環境的關係，在研究模式上將許多問題放入一個更加寬廣的背景中思考和研究。這種轉變的影響在心理學中是很大的，儘管現今很多人並沒有給自己的研究貼上「生態心理學」這個標籤，但是其研究模式已經在悄悄改變，並且更多的人傾向於將傳統的研究和生態心理學結合起來。俞國良先生在〈學習不良兒童的社會交往、自我概念〉一文中提到：「近二十年來，隨著發展心理學研究的社會性發展取向的興起，這種趨勢也逐漸滲透到對學習不良兒童的研究中來。」[9]這裏提到的社會性發展取向其實就是生態心理學。理由是：這種取向對學習不良兒童社會交往的研究多集中在他們的親子關係、同伴關係和師生關係等方面。俞國良先生提到其中蘊涵兩條思路，其一是從歷史的角度，藉由研究學習不良兒童與成人、兒童的相互作用，來考察其社會性發展的內部動力及其規律。其二是從成因角度，藉由研究學習不良兒童形成和發展的影響因素，來考察他們社會交往的特點、模式及其訓練策略。這裏所強調的正是對兒童－環境的交互作用的研究，其中兒童所在的環境包括老師、父母和同伴，藉由對這種交互作用的研究，來認識兒童學習不良的原因，正是生態學所主張的研究思路。生態心理學還有一個顯著的優點，是將系統中所有因素都統合起來分析，不是說研究師生關係，就不考慮親子關係，而且所有關係對子在生態心理學理論框架下都是被平等對待的。

・為心理學研究提供了新的方法論

心理學研究中被公認的兩大方法論基礎是實證主義和現象學，它們分別是行爲主義和認知心理學、格式塔心理學和人本主義心理學等的哲學基礎。雖然實證主義將心理學帶入了科學的領域，但是由於早期所運用的實驗條件所限制，加上過於固守於實證主義所強調的客觀主義、價值中立等原則，使得主流心理學脫離了現實生活，脫離了人的特性，幾度引起了心理學的危機，二十世紀初受實證主義影響的構造主義以失敗而告終，而在一九五〇年代，行爲主義徹底貫徹實證主義而引發的心理學危機。一九八〇年代，以格根（K. Gergen）爲代表，敲響了顛覆現代心理學的整座大廈的警鐘，發起了一場以現代心理學爲批評靶子的後現代心理學運動，這場運動也暗示著現代心理學面臨的又一次危機，再一次昭示實證主義作爲心理學的主要支柱是有問題的。在這幾次危機中，第一次的危機，由於行爲主義取代了構造主義的地位而平息；第二次危機，由於認知主義的興起而平復；而後現代心理學運動所引發的危機到現在還方興未艾。其實，前兩次危機，也並沒有就此消除實證主義方法論存在的問題，只是新的研究成果層出不窮，稍稍掩蓋了本身已有的問題。以現象學爲基礎的心理學流派對實證主義的批評，由於前者所研究的領域大多數沒有與後者的領域有交集，因此呈現公說公有理、婆說婆有理的局面。而生態心理學的研究對於實證主義心理學的批評，是立足於祛除了實證主義的缺點的新的方法論基礎——生態交互論之上，在同樣的研究領域中，藉由改進了的研究技術、方法和思路，以及新的技術和方法所得出的研究成果來說服大家，因而能夠使得主流心理學正視自己的弊端，並由此反思問題所在。例如，在認知科學研究領域，生態心理學看到了訊息加工取向的短處，而把這些短處變成生態心理學研究中的長處，從而使得主流心理學的研究領域的各項研究多了一種選擇途徑，和可資利用的具體研究技術、策略和方法。

(二)生態心理學之劣

任何新生事物都有它維持生存和發展的優勢，但同時可能潛藏著它的缺陷，如果這種優勢過度發展就暴露其缺陷。生態心理學也不例外。這也就導致生態心理學的溫和派沒有在所有的主張上都堅持激進派的觀點，反而從激進派所批評的主流心理學中吸收好的方面，來融合兩者的長處。但是由於生態心理學的核心從一開始就確定下來了，所以溫和派和激進派的分歧只是在一些具體的方面，在整體上，它們都存在來自生態心理學的核心觀點所帶有的局限性。而在具體理論中，它們也存在一些問題。

■ 忽視對有機體本身的研究

從整體上說，生態心理學最大的缺陷就是忽視對有機體本身的研究。生態心理學由於發現傳統心理學對環境研究的忽視所帶來的種種缺陷，因而生態心理學在研究中非常重視有機體和環境這對關係中的環境，乃至矯枉過正，反而忽視這對關係中另一半即有機體本身的研究。研究人類發展的生態心理學家布朗芬布倫納本人承認對有機體本身研究的忽視，並且說他是故意這樣作的，因為他的目的是想要喚醒心理學研究者對環境的重視，充分發展對環境的研究，並且解釋說，要想更進一步科學解釋人類發展的基本的心理內部和人際間的過程，必須等到對環境的一種更加多元的和動態的概念的形成和運用之後，才能作到[10]。

由於生態心理學忽視有機體本身的研究，生態心理學也比較忽視個體差異和主觀行為的研究。生態心理學確立時期的研究相對後期生態心理學在認知領域中的後繼研究，以及傳統心理學取向的研究，更忽視個體差異和主觀行為。巴克、布朗芬布倫納等主要人物的研究都比較忽視這兩個問題。他們在這方面的忽視也與他們過於關注有機體與環境之間的關係有關。巴克在他們的現場研究站所得出的觀察結論，就是兒童的行為受到行為背景的影響比個體特性的影響更大，從那以後，巴克基本上就比較忽視個體特性的因素研究，而把重點放在研究行為背景之上，致力研究行為背景對群體行為的影響和調控。巴克曾經描述過行為背景對整體成員的集體影響:「只有整體居民被行為背景的控制系統所控制；個體居民作為一個獨立實體是不被控制的。」[11]從這一點來看，巴克的生態心理學是有缺陷的。其實，任何行為包括群體行為和個體行爲都離不開它發生的背景，都會在不同程度上受到背景的影響。他自己也意識到了這一點，在他後期的作品中，他考察了個體及其環境之間的關係。他提出了兩條不同又相關的分析途徑。一條途徑是通向獨立於一個人的心理系統的環境，這種環境影響心理系統進而影響行爲，他把這條途徑稱之爲「生態環境」；另一條是通向作爲一個人的心理系統的一部分的周圍環境，它直接影響行爲，他把它稱之爲「心理環境」。雖然巴克承認它們都很重要，但是總體來說，巴克主要研究前者而忽視後者：「……我們主要是研究生態環境，雖然知道兩者對新學科都很重要。」[12]對於巴克對後者的忽視，反映了生態分析的實在論與勒溫的現象學分析之間的張力[13]。布朗芬布倫納的多元系統理論的核心，還是個體的各種環境與人的相互作用以及對人的行爲的影響，個體的因素只在其中起到很小的作用。吉布森的直接知覺理論，雖然注意了人的能動性，但是也忽視了個體差異性。幸好，認知研究領域的生態心理學研究並沒有因爲吉布森的忽視而忽視這個問題，反而充分重視個體差異對現實生活中的認知問題的影響。

由於生態心理學研究對有機體本身的忽視，而較重視環境因素對有機體的心理和行爲的影響，因此在心理和行爲的內成－外成向度的解釋上，傾向於外成論。《當代心理學體系》一書的作者正是持有這種觀點，才會把生態學取向稱之爲環境中心的體系。

總體來說，生態心理學和傳統心理學在研究傾向和解釋傾向等問題上是互補的，生態心理學的優勢正是傳統心理學的缺陷，而傳統心理學的優勢也正是生態心理學的缺陷。因而兩者需要進一步的合作與交流。

■ 生態心理學的理論解釋還有漏洞尚須進一步發展和完善

任何事物都不可能是完美無缺的，生態心理學也是一樣。生態心理學的具體理論從布倫瑞克的概率理論、巴克的行爲背景理論、吉布森的直接知覺理論到布朗芬布倫納的多元系統理論，都在歷史上引起過爭議並受到批評。我們選取其中兩個著名的理論爲例來說明。

・對巴克的行為背景理論的批評

菲雷爾（U. Fuhrer, 1990）認爲，在巴克的行爲背景的客觀事件和有機體對自己的主觀表徵之間，存在一條「鴻溝」[14]。他認爲勒溫的「生活空間」理論提供了心靈主義觀點，並且可以避免「空洞的有機體」。

他贊同心理物理二元論，因爲它同時在兩端包含了心理或「主觀表徵」和「行爲」，但是這個假設與生態心理學是衝突的。他認爲巴克的理論忽視了主觀因素，或者說行爲背景的參與者的觀點被忽視了，也就是說，巴克在放棄二元論的時候，忽視了二元論可以提供一種對主觀性的客觀測量。菲雷爾還認爲巴克的行爲背景理論忽視了物體的物理特性的主觀性這一端。菲雷爾認爲 Q 方法（Q methodology）[15]可以用來彌補這種忽視，因爲它可以提供一種對這種主觀性的客觀測量。例如，一家飯店作爲行爲背景的不同功能意義之間的區別，在於一個人是和同事一道去還是和家人一起去的，在兩種情況下，飯店在物理意義上是一樣的，但是它的功能特徵或它的意義改變了。菲雷爾認爲這些變化說明「行爲背景作爲文化背景並不是簡單地統一或同化人們；它們鼓勵差異」[16]。但是，史密斯（N. Smith）不同意菲雷爾的觀點，他指出雖然菲雷爾的分析看起來有用，行爲背景的公開性行爲模式通常是會呈現差異，但是飯店的不同意義還包含隱蔽的、個人的行爲，而這些行爲對於理解和區分行爲背景也是相當重要的[17]。而珀金斯（D. V. Perkins, 1988）認爲行爲背景的穩定因素與不穩定因素同樣重要，人們在某個行爲背景中的變化是順應環境的變化：商店裏的某件商品的展示櫃會隨著需求量的變化而擴大或縮小。在這種觀點中，背景是個體爲滿足他們的需要而操縱的工具[18]。

對於行爲背景理論的另一個批評是，認爲它忽視了個體差異而只強調個體是背景的成員，它還忽視了主觀的行爲。貝克特爾（R. B. Bechtel, 1982）指出，藉由調查兒童或成人在一年之中所出入的行爲背景的種類可以研究個體，從而獲得關於個體生活風格的資料。其實，行爲背景研究所採用的自我報告和 Q 分類技術，都可以用來提供個體的主觀行爲及其在行爲背景中的功能作用的資料。例如，是什麼樣的態度和意識導致個體參與、離開或調整行爲背景？個體間的情感又起到了什麼作用，以及個性衝突在背景中是如何解決的？背景對個體具有什麼意義？但是這些問題都是行爲背景理論所沒有回答的。

其實，對於這些問題研究的缺乏，反映了巴克並沒有把生態心理學的交互性原則進行到底。就行爲背景理論來說，交互性原則既強調行爲背景對人們的制約性和規範性，也強調人們的能動性對背景活動的影響，行爲背景對人們的影響，只有在背景能夠滿足人們的顯性或潛性的需要時才會發生，而一旦行爲背景不能滿足人們的需要，人們就會放棄這個背景。而且，行爲背景理論的確傾向於考察群體行爲，對個體行爲的研究是忽視的，這一方面也是行爲背景理論有待加強的地方。

・對吉布森的直接知覺理論的批評與爭論

吉布森的直接知覺理論在心理學史上爭議是很大的。強硬的反對者對吉布森的直接知覺理論提出的兩點質疑是：第一，對世界中更高水準的變量的知覺是否要以更低水準特性的心理操作或計算過程爲中介；第二，知覺是否必須包含世界表徵的形成、匹配和存儲。如果這兩點站得住腳，那麼就直接打擊了吉布森的直接知覺理論，因爲這是吉布森否定得最爲堅決的兩點，也是間接知覺理論的兩個中心觀點。對於知覺的直接和間接爭論，溫和的批評者想糅合兩種觀點，來消除二者的對立。厄爾曼（S. Ullman, 1980）就認爲，直接知覺理論相信只有兩種解釋水準（生態的和生理的）的觀點是錯誤的，並和馬爾（D. Marr）一道認爲算術水準的解釋[19]應該放在這兩種水準之間，以便組織生理知識。布魯斯（V. Bruce）贊成厄爾曼觀點，認爲直接知覺理論家沒有對生態解釋水準和生理解釋水準之間的關係給予足夠的關注[20]。馬爾（1982）發表了一種相似的觀點，他接受吉布森所提出的生態光學的價值，但是認爲需要算術理論來解釋光學排列的特性是如何被知覺到的。他說道：「在知覺理論中，也許最接近計算理論水準的是吉布森。」[21]馬爾認爲吉布森理論最致命的缺點「存在於一個更深的水準之上，並且導致了兩件事情的失敗：第一，物理不變量如影像表面的知覺，恰恰是一個訊息加工問題；第二，他大大低估了這種知覺的絕對困難性」[22]。

隆巴爾多指出，對吉布森的批評代表了在現代心理學中的一種極有影響的取向，即認知的「訊息加工和電腦模擬」模式[23]。對吉布森的一些批評（S. Ullman, 1980; J. A. Fodor & Z. W. Pylshyn, 1981），它們的語言和概念都是電腦模擬和訊息加工理論的反映，大部分批評都忽略了吉布森的基本生態－進化主題。而且，十分有趣的是，從一個歷史的角度來看，這些批評反映了傳統（吉布森前期的）所研究的問題和概念。也就是說，隆巴爾多認爲批評者是用自己的語言和思路來攻擊吉布森的思路，而批評者的思路是吉布森在一九五〇年之後就放棄了的。他認爲，在他們對自然和科學解釋的理解的背景中，他們不可能理解直覺怎樣可能是直接的。隆巴爾多認為這些對吉布森直接知覺理論的批評和爭論，反而有助於進一步澄清吉布森在哲學上的重要性。而且就是這些批評者們都至少承認，吉布森的生態心理學的某些方面對知覺心理學作出了重要貢獻。

對於知覺是直接的還是間接的，本書認為兩者都能解釋一部分知覺現象，本書第五章也列舉了兩種知覺的實例，僅僅用直接理論或間接理論都不能解釋所有的知覺現象。儘管吉布森的批評者是站在吉布森對立的角度，提出存在三種知覺的解釋水準，但是卻道出了只有堅持解釋的多元性和多水準性，才能更好地對實際生活的知覺現象作出解釋。其實，正如本書一貫持有的觀點，生態學取向和傳統取向都是心理學研究所必要的模式，它們為複雜的心理現象解釋提供了可供選擇的餘地，兩種取向的存在和爭論可以增進人們對於知覺等心理現象更加深入的認識。

如果我們把心理現象比作冰山，那麼生態心理學對它的研究只是挖掘了冰山的一角。正因為心理現象的研究像挖掘冰山的工程一樣複雜而艱巨，所以單靠一種視角來研究它，都會不可避免地出現這樣或那樣的缺點，我們現在對於心理學的各種研究取向，都應該抱有一種既敏銳又寬容的態度，能敏銳地捕捉到它的缺陷，又要寬容地對待它，不能抱住它的缺點不放而抹殺它存在的價值。科恩（J. Korn）說過，歷史的錯誤終歸還要歷史來消除。生態心理學的局限還有待於它進一步發展來克服和修正，而生態心理學在心理學的地位和發展也有待於時間的檢驗。正如赫根漢在《心理學史導論》中所說的：「在學習心理學史時，人們經常會驚訝地發現，某種觀點並不總是因爲它不正確就逐漸消失；相反的，某些觀點只是因爲它們變得不流行才消失。心理學中流行的內容是隨著時代精神而變化的。」[24]生態心理學與其他取向在心理學中的作用和地位，會隨著社會對心理學的要求而變化，不能說一種取向可以完全代替另一種，每一種都各有自己的優缺點，對心理學來說，也各有利弊，不能一概而論。生態心理學在它興起的時候，沒有受到重視，並不代表它就是錯誤的，它的優勢會隨著主流心理學的困境而日益彰顯，同時它的不足也會隨著人們對它的進一步研究而得到改善。任何的解釋都只是一定時代、社會歷史背景下的人對事物的一種解讀，這種解讀不只是對認識物的反映，而且是心靈的創造。我們且不論生態心理學的觀點和批判者的孰對孰錯，無論如何，生態心理學提出了一種新的視角，有助於我們反思傳統觀念。

二、何去何從：生態心理學之未來

對於生態心理學的發展和它與心理學的發展關係問題的思考，應把它放置在心理學研究的大背景和整體趨勢中來考察，從而看清它的發展潛力和今後需要努力的方向。

我國心理學家楊鑫輝教授在「理論心理學與心理學史」專業委員會一九九八年學術年會致開幕詞時提出，當代心理學有三個發展趨勢：綜合化、本土化和實用化。二〇〇〇年，他又在這三個趨勢的前面加上（高新）科技化的趨勢[25]。這四個趨勢都與生態心理學的精神有暗合之處。推動生態心理學的發展因素之一，就是心理學的科學技術手段在不斷提高。它所主張的準實驗研究和現場研究方法能夠更好地實現的條件之一，就是科學技術的提高。在馮特所處的時代，實驗室中的設備是簡陋的，用那些簡單的實驗設備根本無法滿足在複雜的現實環境中的實驗研究。攜帶式無線電對講機、掌上型錄影機和自動答錄機等等這些高新技術設備的使用，就比要參與者自己記日記和拍照等傳統方法，能夠更加真實和原始地反映參與者的實際生活資料。當然，生態心理學並不是一味地追求科學技術的高新化，它對高新技術的使用只是順應了科學技術發展的趨勢。生態心理學與心理學的綜合化趨勢的暗合之處，體現在生態心理學對於各種文化取向的吸收和融合。在本書第二章分析幾位主要生態心理學家的思想淵源時，發現他們有一個共同的地方，那就是他們都善於在博採眾長的基礎上創新。尤其是奈瑟——這位在推廣生態心理學上作出了傑出貢獻的生態心理學家，更進一步地認爲，生態心理學是一種非常廣泛意義上的研究取向，它吸收了許多文化傳統的思想[26]。當然作爲整個心理學研究的發展趨勢之一的綜合化趨勢，不僅僅意味著某一種研究取向吸收其他研究取向的思想，還意味著各種取向之間的相互吸收和融合。生態心理學提倡在特定的文化背景和環境背景中進行研究的思想，意味著心理現象在不同背景中的異質性和多元性，其實這種思想就是一種對本土化研究的承認。心理學研究的本土化就意味著承認心理現象的異質性和多元性。「在當前，西方心理學占據世界心理學主流的情勢下，心理學的本土化主要是指一種社會文化取向的問題，每個國家的心理學所採用的概念、理論及方法，要能切實反映本國民眾的心理與行爲，這個原則適合於每個國家的心理學。」[27]心理學的本土化不是對綜合化的否定，二者不是相互衝突的，「心理學的綜合化不是統一化或一致化。」[28]今後如果心理學要統一也是多元的統一，統一不是統一到某一種取向之下才看成是統一，多元的統一才是真正的統一，辯證的統一。心理學史家赫根漢在論述歷史上的心理學家對這個問題的看法時，一語道破爲什麼多元的統一才是真正的統一：「有些心理學家並不認爲心理學是前典範學科，而宣稱心理學是一門具有、也許永遠具有幾個並存的典範（或至少是主題或研究傳統）的學科。對於這些心理學家而言，心理學永遠沒有、也不需要有庫恩的典範革命（比如，S. Koch, 1981, 1993; T. H. Leahey, 1992; J. R. Royce, 1975; J. F. Rychlak, 1975）……這些心理學家們把心理學中幾個典範的並存看作是健康的、富有成效的，也許是不可避免的，因爲心理學研究的是人。」[29]在鼓勵多元化和本土化的當今心理學界，和今後可能實現多元化統一的心理學界，生態心理學由於其暗合了本土化和多元化的意蘊，因而可謂是一種值得大力推薦和倡導的取向。心理學的實用化趨勢是基於這樣的認識：心理學應當面向社會生活，心理學理論應植根於應用，心理學理論與應用是辯證統一的關係。這種認識也是生態心理學產生的主要原因之一，而且生態心理學在自身的發展過程中也是這樣作的，它們的理論主要來源於對現實生活問題的思考和研究，巴克在對兩個自然村鎮的長期考察中，才建立了行爲背景理論，吉布森在二戰期間的選拔飛行員測試的實際工作的基礎上進一步研究，才提出了他的知覺理論。生態心理學與心理學的這幾種趨勢的暗合，說明生態心理學是符合歷史發展趨勢的，當然不是說生態心理學就可以代替其他所有的取向，成爲心理學發展的唯一方向，但是這的確表明生態心理學有著能繼續發展的、旺盛的生命力。

既然生態心理學是一種有生命力、有發展潛力的研究取向，那麼在未來的心理學研究中，如何繼續進行生態心理學的研究呢？作者認爲要注意解決以下三個大的問題：第一，針對生態心理學自身的不足和缺陷，如何對生態心理學本身進行修正和改進的問題；第二，如何處理好生態心理學與主流科學主義心理學的關係問題，更好地利用生態心理學來修正主流科學主義心理學，以便促進生態心理學自身的發展的問題；第三，生態心理學如何吸取新的血液，為自身的發展積蓄更多力量的問題。

生態心理學自身存在的問題，主要是對有機體本身研究的忽視和其理論解釋還有漏洞的問題。因此，今後的生態心理學應該加強對有機體本身的研究，並且這種研究與它的特色研究即重視對有機體所處環境的研究應結合在一起，這也是將生態交互作用原則進行到底的表現。在這一方面，認知領域的生態心理學家已經作出了可喜的成績，但是在其他領域中這種研究沒有引起足夠的重視。對於其理論解釋的漏洞問題，應針對各個理論的具體問題展開討論。布倫瑞克的理論，由於產生得比較早，其理論缺陷已經得到後來的生態心理學家的批評和修正。巴克的理論，至今仍然在應用領域得到廣泛的應用和研究，因此，對於它的修正顯得更為迫切，它的主要問題是忽視個體差異和主觀性行為，對該理論的批評已經為修正該理論提供了思路，例如自我報告和 Q 分類技術可以提供關於個人的主觀行為和個人在行為背景中的功能作用的資料，但是目前還很少有人將 Q 分類技術運用於行為背景研究中，這方面的研究還有待加強。直接知覺理論的研究不應該只是停留在與間接知覺理論爭論誰是誰非的問題，下一步應該將這種來源於生活的直接知覺理論，更加廣泛地運用於現實生活的具體知覺問題的研究和各種分支領域的研究中去，例如航海中的直接知覺的深入研究，應該是很有意義的問題。對於布朗芬布倫納的理論，我們應該加強它與傳統發展心理學理論和研究的結合。應該說，布朗芬布倫納的理論屬於一種宏觀理論，它可以提供一種宏觀的指導，例如在實驗設計上，將微系統、中系統、外系統到宏系統中的環境因素都考慮進去，在分析各種因素之間的關係的時候，可以運用到多元系統理論作爲理論依據。反過來說，這種宏觀理論也離不開具體的研究作爲支撐，二者的關係是相互依存的，因此這種宏觀理論需要大量的研究內容來進一步充實和驗證。

有關生態心理學的未來發展問題的討論，在當今心理學以實驗室研究典範爲主的背景下，勢必要處理好生態心理學與當今主流心理學在未來的發展關係。從總體上來說，生態心理學可以在保持自身特有的理論框架下，考慮如何吸納主流心理學的合理思想和作法。例如，今後的生態心理學研究中要不要運用實驗法以及如何運用呢？對於今後要不要運用的問題，可以從兩個方面入手，即探討實驗法自身在未來心理學中是否有價值的問題，以及生態心理學的發展是否需要實驗法的問題。在現階段，儘管後現代心理學思想批判甚至想要推翻建立在實證主義基礎上的整個現代心理學大廈，包括用來探索心理學的科學真理和包含著邏各斯主義的實驗方法，但是實證研究仍然在現階段被證明是有用的，並且促進了社會發展，只要不斷修正，它仍然保持發展的生命力。所以我們不能單純地用它的局限性來否定它存在的合理性，正如黑格爾所言「現實的就是合理的」，這裏，現實的不是指一切現存的東西，而是具有必然性的、前進發展的東西[30]。生態心理學的未來發展中也需要實驗法來開展它的研究。其理由是，上文我們已經論述過生態心理學並不否定心理學的科學性，它贊成在一定背景中對心理科學規律的探討，也尋求對心理現象的合理解釋和預測，而實驗法作爲對科學性探索的主要工具，必然也符合生態心理學的學科發展需要。既然實驗法在未來都有它繼續存在下去的價值，而且生態心理學的未來研究也需要實驗法，那麼生態心理學在未來如何運用實驗法呢？作者認爲，生態心理學應該繼續保持和發揚它已有的作法，即在運用實驗法的過程中不斷修正和改造它。實驗法的現實性和合理性的繼續保持就得益於它不斷地接受修正，而生態心理學對於實驗法修正的貢獻在於用生態效度來改造它。目前，生態心理學所使用的技術如準實驗技術、經驗取樣法、自拍法等等，都被廣泛地應用於現階段的各種實證研究中，用來提高實驗方法的實效性和實用價值。從這裏我們可以看到，不僅生態心理學研究中可以運用實驗法，而且生態心理學可以在實際研究中提高實驗法的效用。一點水可以見大海，從生態心理學與實驗法的關係，可以推測出生態心理學在未來發展中與主流心理學的關係：在不斷修正主流心理學的過程中，吸收主流心理學的長處，生長出比現階段的研究模式更加適合心理學發展的理論模式、策略和方法，從而也促進了生態心理學自身的發展，這也是生態心理學的未來發展方向之一。

由於生態心理學自身所存在的問題，需要吸取新鮮的血液，以拓寬自身在解釋心理現象時的思路。因此，作者認爲生態心理學在未來發展中，還需要進一步加強與其他取向和其他學科的合作與交流。例如生態心理學就已經與跨文化取向進行了很好的合作，貝里（J. Berry）的多元弧模型理論和德松（Deson）的生態－文化模型理論，就屬於二者結合的產物。除此之外，針對生態心理學忽視個體或有機體的研究這個缺陷，作者認爲生態心理學還可以和傳統的個體心理學多交流和合作。生態心理學與心理學發展趨勢的暗合是它自身的理論邏輯使然，但是從綜合化的趨勢上來說，它還沒有在它廣泛領域的具體理論中充分貫徹與其他取向的合作和交流，我們呼籲和強調生態心理學與其他取向的合作和交流，就是希望它向這個方向更加努力，爲心理學和人類生活作出更大的貢獻。此外，生態心理學的誕生和發展一直受到其他學科的影響，並且善於將其他學科的有益思想和方法靈活地運用到心理學研究中，這是一種很好的傳統。雖然我們不主張一味效仿和照搬其他學科的作法，但是並不排除對其他學科思想的借鑒和吸收，「他山之石，可以攻玉」，我們應該鼓勵生態心理學研究繼續這種良好的傳統。這也是生態心理學的未來發展方向之一。

最後，我們可以用黑格爾名言的前半句話即「合理的就是現實的」，來形容生態心理學在心理學發展中的作用和前景，生態心理學符合心理學研究對象的真實情況，符合社會生活要求心理學研究實際問題的需要，因而它是合理的，必然代表著心理學未來的發展趨勢之一。

註　釋

[1]J. W. Berry, "Ecological analyses for cross-cultural psychology ", In *Studies in Cross-cultural Psychology*, London: Academic Press Inc. Ltd., 1980, pp.157-189.

[2]M. Levine, *Principles of Community Psychology: Perspectives and Applications*, London: Oxford University Press, Inc., 1985, pp.77-82.

[3]劉華，〈人性：建構心理學統一典範的邏輯起點〉，《南京師範大學》（社科版），2001 年第 5 期，第 88-93 頁。

[4]管建，〈生態系統心理治療的理論述評〉，《贛南師範學院學報》，2002 年第 2 期，第 80-84 頁。

[5]張華、魏鑫，〈西方心理學人性價值理論綜述〉，《甘肅社會科學》，1998 年第 4 期，第 22-25 頁。

[6]陳平，〈邁向生態的人性觀〉，《南京化工大學學報》（哲學社會科學版），2001 年第 2 期，第 14-18 頁。

[7]高峰強，《現代心理典範的困境與出路——後現代心理學思想研究》，北京：人民出版社，2000 年，第 33 頁。

[8]高峰強，《現代心理典範的困境與出路——後現代心理學思想研究》，北京：人民出版社，2000 年，第 207 頁。

[9]俞國良，〈學習不良兒童的社會交往、自我概念〉，《北京師範大學學報》（社科版），1995 年第 1 期，第 76-83 頁。

[10]A. R. Pence, *Ecological Research with Children and Families: From Concepts to Methodology*, NY: Teachers College Press,

1988, p.xvii.

[11]R. G. Barker, *Ecological Psychology: Concepts and Methods for Studying the Environment of Human Behavior*, Stanford, CA: Standford University Press, 1968, pp.194-195.

[12]R. G. Barker, "Prospecting in environmental psychology: Oskaloosa revisited", In I. Altman & D. Stokols, *Handbook of Environmental Psychology*, New York: Wiley, 1987, 2, pp.1416-1419.

[13]H. Heft, *Ecological Psychology in Context: James Gibson, Roger Barker, and the Legacy of William James's Radical Empiricism*, Mahwah NJ: Lawrence Erlbaum Associates, Inc., 2001, p.264.

[14]U. Fuhrer, "Bridging the ecological-psychological gap: Behavior settings as interfaces", *Environment and Behavior* 1990, 22, pp.518-537.

[15]Q 方法與排斥主觀性的主流科學主義心理學常用的 R 方法(R methodology)相對，主張將主觀性納入人的行為當中，並用科學方法對它進行測量；主張心理事件既不存在心靈之內也不存在身體之外，而存在於人和周圍環境的關係或交流中，比如信念、情感、觀念等都是可交流的和可系統測量的。

[16]U. Fuhrer, "Bridging the ecological-psychological gap: Behavior settings as interfaces", *Environment and Behavior* 1990, 22, pp.518-537.

[17]N. W. Smith, *Current Systems in Psychology: History, Theory,*

Research, and Applications, Wadsworth: Thomson Learning, Inc., 2001, p.224.

[18]D. V. Perkins, "Alternative views of behavior settings: A response to Schoggen", *Journal of Community Psychology* 1988, 16, pp.387-391.

[19]這裏的「計算水準的解釋」或「計算理論」是對視覺訊息加工問題的結構和限制的一種抽象理解，而不要與產生實際計算的算術水準相混淆。

[20]V. Bruce, *Visual Perception: Psysiology, Psychology and Ecology*, London: Erlbaum, 1985, pp.255-265.

[21]D. Marr, *Vision: A Computational Investigation into the Human Representation and Processing of Visual Information*, San Francisco, CA: Freeman, 1982, p.29.

[22]D. Marr, *Vision: a Computational Investigation into the Human Representation and Processing of Visual Information*, San Francisco, CA: Freeman, 1982, p.29.

[23]T. J. Lombardo, *The Reciprocity of Perceiver and Environment: The Evolution of James J. Gibson's Ecological Psychology*, New Jersey: Lawrence Erlbaum Associates, Inc., 1987, pp.326-328.

[24]B. R. 赫根漢著，郭本禹等譯，《心理學史導論》（第四版），上海：華東師範大學出版社，2004 年，第 6 頁。

[25]楊鑫輝，〈當代心理學的發展趨勢〉，《萍鄉高等專科學校學報》，2000 年第 1 期，第 40-43 頁。

[26]U. Neisser, "The future of cognitive science: An ecological

analysis", In D. M. Johnson & C. Emeling, *The Future of the Cognitive Revolution*, Oxford: Oxford University Press, Inc., 1997, pp.245-260.

[27]楊鑫輝,〈當代心理學的發展趨勢〉,《萍鄉高等專科學校學報》,2000 年第 1 期,第 40-43 頁。

[28]同上註。

[29]B. R. 赫根漢著,郭本禹等譯,《心理學史導論》(第四版),上海:華東師範大學出版社,2004 年,第 17 頁。

[30]苗力田等,《西方哲學史新編》,北京:人民出版社,1988 年,第 598 頁。

參考書目

一、中文書目

車文博，《西方心理學史》，杭州：浙江教育出版社，1998 年。

王岳川，《後現代主義文化研究》，北京：北京大學出版社，1992 年。

王重鳴，《心理學研究方法》，北京：人民教育出版社，1990 年。

王振宇，《兒童心理發展理論》，上海：華東師範大學出版社，2000 年。

王甦、汪安聖，《認知心理學》，北京：北京大學出版社，1992 年。

卡普拉，《轉捩點——科學、社會、興起中的新文化》，北京：中國人民大學出版社，1988 年。
石俊傑主編，《理論社會心理學》，保定：河北大學出版社，1998 年。
左斌，〈西方社區心理學的發展及述評〉，《心理學動態》，2001 年第 1 期。
劉華，〈人性：建構心理學統一典範的邏輯起點〉，《南京師範大學》（社科版），2001 年第 5 期。
朱智賢，《朱智賢全集》（第六卷兒童心理學史・第三編），北京：北京師範大學出版社，2002 年。
M.・米德，《薩摩亞的成年》，杭州：浙江人民出版社，1984 年。
張文新，《兒童社會性發展》，北京：北京師範大學出版社，1999 年。
張華、魏鑫，〈西方心理學人性價值理論綜述〉，《甘肅社會科學》，1998 年第 4 期。
余安邦，〈文化心理學的歷史發展與研究進路：兼論其與心態史學的關係〉，《本土心理學研究》，1996 年第 6 期。
余謀昌，〈生態哲學：可持續發展的哲學詮釋〉，濟南：《中國人口・資源與環境》，2001 年第 3 期。
陳向明，《質的研究方法與社會科學研究》，北京：教育科學出版社，2000 年。

陳平，〈邁向生態的人性觀〉，《南京化工大學學報》（哲學社會科學版），2001 年第 2 期。

陳利君、譚千保，〈論心理學研究的生態效度〉，湘潭：《湘潭師範學院學報》（自然科學版），2002 年第 2 期。

苗力田等，《西方哲學史新編》，北京：人民出版社，1988 年。

亞瑟・S.・雷伯著，李伯黍譯，《心理學詞典》，上海：上海譯文出版社，1996 年。

周謙，《心理科學方法學》，北京：中國科學技術出版社，2000 年。

S.・羅森塔爾，〈古典實用主義在當代美國哲學中的地位〉，《哲學譯叢》，1989 年第 5 期。

楊鑫輝，〈當代心理學的發展趨勢〉，《萍鄉高等專科學校學報》，2000 年第 1 期。

保羅・凱林著，鄭偉建譯，《心理學大曝光——皇帝的新裝》，北京：中國人民大學出版社，1992 年。

俞國良，〈學習不良兒童的社會交往、自我概念〉，《北京師範大學學報》（社科版），1995 年第 1 期。

賈林祥，《認知心理學的聯結主義理論研究》，南京師範大學博士學位論文，2002 年。

高峰強，《現代心理典範的困境與出路——後現代心理學思想研究》，北京：人民出版社，2000 年。

徐碧波，〈心理學的文化背景〉，《湖北大學學報》（哲社版），1991 年第 1 期。

愛德華・S.・里德著，李麗譯，《從靈魂到心理》，北京：生活、讀書、新知三聯書店，2001 年。

常傑、葛瀅，《生態學》，杭州：浙江大學出版社，2001 年。

理查德・W.・科恩著，陳昌文譯，《心理學家——個人和理論的道路》，成都：四川人民出版社，1988 年。

維果茨基著，龔浩然譯，《維果茨基兒童心理與教育論著選》，杭州：杭州大學出版社，1999 年。

董奇，《心理與教育研究方法》，廣州：廣東教育出版社，1994 年。

畲正榮，《生態智能》，北京：中國社會科學出版社，1996 年。

奧斯卡・紐勒，〈人的需要：完備的整體的方法〉，引自：勒德維爾主編，《人的需要》，瀋陽：遼寧人民出版社，1988 年。

B. R. 赫根漢著，郭本禹等譯，《心理學史導論》（第四版），上海：華東師範大學出版社，2004 年。
管建，〈生態系統心理治療的理論述評〉，《贛南師範學院學報》，2002 年第 2 期。

二、英文書目

A. C. Houts, T. D. Cook & W. R. Shadish, Jr., "The person-situation debate: a critical multiplist perspective", *Journal of Personality*, 1986, 54.

A. R. Pence, *Ecological Research with Children and Families: From Concepts to Methodology*, New York: Teachers College Press, 1988.

A.W. Wicker, *An Introduction to Ecological Psychology*, NY: Cambridge University Press, 1979.

B. Algozzine, "The disturbing child: A validation report" Research report No.8, Minneapolis: University of Minnesota: Institute for Research on Learning Disabilies, 1979.

B. E. Shaw, W. M. Mace & M. Turvey, *Resources for Ecological Psychology*, Hillsdale: Lawrence Erlbaum Associates Inc., 1987.

B. J. Baars, *The Cognitive Revolution in Psychology*,

New York: Guilford Press, 1986.

C. B. Wortman & E. F. Loftus, *Psychology*, Alfred A. Knopf, Inc., 1988.

C. Maslach & S. E. Jackson, *MBI: Maslach Burnout Inventory Manual*, Palo Alto, CA: Consulting Psychologist Press, 1986.

C. R. Reynolds & R. W. Kamphaus, *BASC Behavior Assessment System for Children: Manual*, Circle Pines, MN: American Guidance Services, 1992.

D. V. Perkins, "Alternative views of behavior settings: A response to Schoggen", *Journal of Community Psychology* 1988, 16.

D. Marr, *Vision: A Computational Investigation into the Human Representation and Processing of Visual Information*, San Francisco, CA: Freeman, 1982.

E. Brunswik, "The conceptual framework of psychology", *International Encyclopedia of Unified Science*, 1952, 1(10).

E. Brunswik, *Systematic and Reprentative Design of Psychological Experiments*, Berkeley and Los Angeles: University of California Press, 1949.

E. J. Trickett, J. G. Kelly & T. A. Vincent, "The spirit of ecological inquiry in community research", In E. C. Susskind & D. C. Klein, *Community Research: Methods, Paradigms, and Applications*, New York, Praeger, 1985.

E. S. Reed, *James J. Gibson and the Psychology of Perception*, New Haven: Yale University Press, 1988.

E. Winograd, *Ecological Approaches to Cognition Essays in Honor of Ulric Neisser*, London: Lawrence Erlbaum Associates, 1999.

Fitzgerald Hormuth & T. D. Cook, "Quasi-experimental methods in community psychology research", In E. C. Susskind & D. C. Klein(eds.), *Community Research: Methods, Paradigms, and Applications*, New York: Praeger, 1985.

H. Heft, *Ecological Psychology in Context: James Gibson, Roger Barker, and the Legacy of William James's Radical Empiricism*, Mahwah NJ: Lawrence Erlbaum Associates, Inc., 2001.

H.. Gelfand, "The interface between laboratory and

naturalistic cognition", In T. M. Shlechter & M. P. Toglia, *New Directions in Cognitive Science*, Norwood: Ablex Publishing Corporation, 1985.

J. F. Wohlwill, "The environment is not in the head!", In W. F. E. Preiser, *Environmental Design Research*, Stroudsberg, PA: Dowden, Hutchinson, & Ross, 1973.

J. J. Gibson, *The Ecological Approach to Visual Perception*, Boston: Houghton Mifflin, 1979.

J. Karuza, Jr. & M. A. Zevon, "Ecological validity and idiography in developmental cognitive science", In T. M. Shlechter & M. P. Toglia, *New Directions in Cognitive Science*, Norwood: Ablex Publishing Corporation, 1985.

J. L. Swartz, William E. Martin, "Ecological psychology theory: Historical overview and application to educational ecosystems", In *Applied Ecological Psychology for Schools within Communities*, Lawrence Erlbaum Associates, Inc., 1997.

J. W. Berry, "Ecological analyses for cross-cultural psychology", In *Studies in Cross-cultural Psycho-*

logy, London: Academic Press Inc. Ltd., 1980.

J. Scull, "Ecopsychology: Where does it fit in psychology?", An earlier version of this paper was presented at the annual psychology conference, Malaspina University College, March 26, 1999.

J. C. Conoley, "Positive classroom ecology", *Behavior in Our School*, 1988, 2(2).

K. E. Diamond etc., "Planning for school transition: An ecological-developmental approach", *Journal of the Division of Early Children*, 1988, 12.

K. M. J. Lagerspetz & P. Niemi, *Psychology in the 1990's*, North-Holland: Elsevier Science Publishers, 1984.

K. R. Hammond, "Probalistic functionalism: Egon Brunswik's integration of the history, theory, and method of psychology", In K. R. Hammond, *The Psychological of Egon Brunswik*, New York: Holt, Rinehart & Winston, 1966.

L. R. Gaddis & Leilani Hatfield, "Characteristics of the learning environment: Students, teachers, and their interactions", In Jody L. Swartz, *Allied Ecological Psychology for Schools within Communities*,

Lawrence Erlbaum Associates, Inc., 1997.

L. E. Gordon, *Theories of Visual Perception*, Great British: John Wiley & Sons Ltd., 1989.

M. H. Marx & W. A. Hillix, *Systems and Theories in Psychology*, U.S.A: McGraw-Hill, Inc., 1979.

M. Levine, *Principles of Community Psychology: Perspectives and Applications*, London: Oxford University Press, Inc., 1985.

N. W. Smith, *Current Systems in Psychology: History, Theory, Research, and Applications*, Wadsworth: Thomson Learning, Inc., 2001.

Postman & Tolman, "Brunswik's probabilistic functionalism", In S. Koch, *Psychology: A Study of a Science*, New York: McGraw-Hill, 1959.

R. C. Ziller & D. E. Smith, "A phenomenological utilization of photographs", *Journal of Phenomenological Pshchology*, 1977, 7.

R. G. Barker, "Prospecting in environmental psychology: Oskaloosa revisited", In I. Altman & D. Stokols, *Handbook of Environmental Psychology*, New York: Wiley, 1987, 2.

R. G. Barker, *Ecological Psychology: Concepts and Methods for Studying the Environment of Human Behavior*, Stanford, CA: Standford University Press, 1968.

R. P. Martin, *The Temperament Assessment Battery for Children*, Brandon, VT: Clinical Psychology, 1988.

R. Rorty, *Philosophy and Social Hope*, New York: Penguim, 1999.

S. E. Hormuth, "The sampling of experiences in situ.", *Journal of Personality*, 1986, 54.

S. E. Hormuth, *The Ecology of the Self: Relocation and Self-Concept Change*, Cambridge: Cambridge University Press, 1990.

S. J. Beck, "The science of personality: Nomothetic or idiographic?", *Psychology Review*, 1953, 60.

S. J. Ceci, "A bio-ecological model of intellectual development: Moving beyond h^2", In R. J. Sternberg & E. Grigorenko, *Intelligence, Heredity and Environment*, Cambridge University Press, 1997.

S. Kariel, *The Pragmatic Momentum of Ecological Psychology*, University of Hawaii, 1985.

S. S. Evans & W. H. Evans, "Behavior change and the ecological model", *The Pointer*, 1987, 31(3).

Stanleyl & Brodsky, *The Psychology of Adjustment and Well-being*, Holt: Rinehart and Winston, Inc., 1988.

T. M. Shlechter, "Ecological directions in the study of cognition", In T. M. Shlechter, *New Directions in Cognitive Science*, New Jersey: Ablex Publishing Corporation, 1985.

T. J. Lombardo, *The Reciprocity of Perceiver and Environment: The Evolution of James J. Gibson's Ecological Psychology*, New Jersey: Lawrence Erlbaum Associates, Inc., 1987.

U. Bronfenbrenner, *The Ecology of Human Development: Experiments by Nature and Design*, Cambridge: Harvard University Press, 1979.

V. Bruce, *Visual Perception: Psysiology, Psychology and Ecology*, London: Erlbaum, 1985.

U. Bronfenbrenner, "Toward an experimental ecology of human development", *American Psychologist*, 1977, 32.

U. Fuhrer, "Bridging the ecological-psychological gap:

Behavior settings as interfaces", *Environment and Behavior* , 1990, 22.

U. Neisser, "The future of cognitive science: an ecological analysis", In D. M. Johnson & C. Emeling, *The Future of the Cognitive Revolution*, Oxford : Oxford University Press, Inc., 1997.

U. Neisser, "Toward an ecologically oriented cognitive science", In Theodore M. Shlechter(ed.), *New Directions in Cognitive Science*, Norwood: Ablex Publishing Corporation, 1985.

U. Neisser, *Remembering Reconsidered: Ecological and Traditional Approaches to the Study of Memory*, New York: The Press Syndicate of the University of Cambridge, 1988.

U. Neisser, "Intelligence: Knowns and unknowns", *American Psychologist*, 1996, 2.

W. C. Rhodes, "A community participation analysis of emotional disturbance", *Exceptional Children*, 1970, 37.

W. H. Evans, etc., "Making something out of everything: The promise of ecological assessment",

Diagnostique, 1993, 18.

三、網路資源

PSYHEART.AT.CHINA.COM

http://shenhy.3322.net/zyzz/zyzz-2/sx-yl.html.

後　記

當我寫下「後記」這兩個字的時候，我的心情有種異常的感動。它意味著我的處女作——不只是我個人努力的結果，更是眾多人心血的結晶——將要問世了！

我特別要感謝我的導師郭本禹先生！自從我投師先生門下，時時感受著先生為人和治學的魅力。先生為人極為樸實，待人誠懇而寬厚；先生治學素以嚴謹而出名。先生出書的時候，每一次都要仔細地校驗書稿很多遍，送到編輯那裏，幾乎不需要作什麼文字處理。江蘇教育出版社的副主編曾經感嘆地說：「如果每一人的書稿都像你們導師的，我們的編輯就要失業了！」正是這種嚴謹且精益求精的態度，感召著我和其他學生嚴格對待自己的學習和研究工作。先生對於我們的學術發展十分關注，花費了很多的心血。單就這本書來說，先生在他的研究和工作異常繁重的情況下，還爲我加班加點地看稿，以至真正到達廢寢忘食的地步。師恩厚重，不是這短短的篇幅所能道盡的，也不是這幾行字可以表達的！在此，我謹以這本小書獻給我的導師，聊以表達我對導師無盡的感激和尊敬之情！

我要感謝車文博教授對我的指點和教誨；感謝張文新教授對我的啓發和指教。我還要感謝我的碩士導師楊鑫輝教授，把我引入心理學這座美麗的殿堂，教給我作學問的第一要義是先要學會作人；葉浩生教授給予我一貫的鼓勵和關心，他一直關注著我在學術上的成長，在我爲學術問題而苦悶和彷徨之際，給予恰當的幫助和及時的支持；楊韶剛教授對我的扶持、點撥和指導；鄧鑄老師爲我提供的資料；姜飛月同學爲此書的原稿——我的博士學位論文所作的校正工作！另外，我要感謝我的父母，情深似海的養育之恩；我的丈夫，對我學業無怨無悔的支持！感謝孟樊先生給予我書稿付梓的寶貴機會，閻富萍女士和揚智公司其他工作人員爲書稿的出版所付出的辛勤勞動！

易　芳

二〇〇四年十月

文化手邊冊 67

生態心理學

作　　者／易芳
出 版 者／揚智文化事業股份有限公司
發 行 人／葉忠賢
總 編 輯／林新倫
執行編輯／洪筱雯、鍾宜君
登 記 證／局版北市業字第 1117 號
地　　址／台北市新生南路三段 88 號 5 樓之 6
電　　話／(02)2366-0309
傳　　真／(02)2366-0310
網　　址／http://www.ycrc.com.tw
E-mail／service@ycrc.com.tw
郵撥帳號／19735365　葉忠賢
ISBN／957-818-684-3
印　　刷／鼎易印刷事業股份有限公司
法律顧問／北辰著作權事務所　蕭雄淋律師
初版一刷／2004 年 12 月
定　　價／新台幣 200 元

國家圖書館出版品預行編目資料

生態心理學 = Ecological psychology / 易芳著. - -初版.- -臺北市：揚智文化，2004〔民 93〕

面：　公分. - -（文化手邊冊；67）

參考書目：面

ISBN　957-818-684-3（平裝）

1. 生態心理學

367.014　　93019272